湖北省地震灾害风险普查成果丛书

湖北省历史地震续考与震例简析

HUBEI SHENG LISHI DIZHEN XUKAO YU ZHENLI JIANXI

雷东宁　廉　超　郭纪盛　等编著

图书在版编目(CIP)数据

湖北省历史地震续考与震例简析/雷东宁等编著. —武汉:中国地质大学出版社,2024.7. —(湖北省地震灾害风险普查成果丛书). —ISBN 978-7-5625-5921-4

Ⅰ. P316.263

中国国家版本馆 CIP 数据核字第 2024EN5417 号

湖北省历史地震续考与震例简析 雷东宁 廉 超 郭纪盛 **等编著**

责任编辑:周 豪 选题策划:周 豪 责任校对:张咏梅

出版发行:中国地质大学出版社(武汉市洪山区鲁磨路 388 号) 邮政编码:430074

电 话:(027)67883511 传 真:(027)67883580 E-mail:cbb @ cug.edu.cn

经 销:全国新华书店 http://cugp.cug.edu.cn

开本:787mm×1092mm 1/16 字数:247 千字 印张:9.75

版次:2024 年 7 月第 1 版 印次:2024 年 7 月第 1 次印刷

印刷:湖北睿智印务有限公司

ISBN 978-7-5625-5921-4 定价:58.00 元

《湖北省历史地震续考与震例简析》

编　委　会

序

“第一次全国自然灾害综合风险普查”是一项利国利民的重大工程，地震灾害作为自然灾害的一个重要类型，摸清地震灾害源，评估地震灾害风险，是实施地震灾害风险防治的重要措施和途径，也是减轻和防御地震灾害的一项社会治理工程。

在“湖北省自然灾害综合风险普查”项目的资助下，湖北省地震灾害风险普查工作取得了一系列成果。《湖北省历史地震续考与震例简析》一书对湖北省及邻区一些历史地震进行了史料挖掘、考证、分析，探讨了一些历史地震的震级、宏观震中位置，并在此基础上进行了历史发震构造分析。

历史地震是指依据史料记载地震灾害信息确定的地震事件。通过纪年、地名的考证，并根据灾情厘定地震烈度、圈定影响范围，评定出发震时间、震中位置、震级等现代地震参数，是历史地震续考的主要工作内容和目的。对湖北省历史地震资料的续考和分析工作，进一步丰富了省域破坏性地震事件目录，为湖北省地震活动性与地震构造环境分析增添了新的基础依据。

该书可为工程技术人员、科研院所研究人员、高校师生提供参考。

潘华

2024年7月

前　言

在历史的长河中，地震这一神秘而又充满破坏力的自然现象始终如影随形地影响着人类的发展历程。当我们回首历史，那一次次强烈的地震，宛如岁月深处的惊雷，留下了不可磨灭的印记。历史地震资料多存于史籍中，散落于地方志、诗文集、杂记等载体中，因此，发掘我国古籍宝藏、整理湖北省及邻省地震史料，可以使其为今所用。

历史地震史料记载和震例研究是地震科学研究的重要组成部分，同时也是区域地壳稳定性评价、地震安全性评价工作的基础。在我国东部地区，中强以上现代地震震例较少。然而，通过发掘和研究历史地震可以拓展地震研究资料的时间域和震级域，归纳总结不同地震的发震构造，评价潜在地震风险，因此，系统研究历史破坏性地震震例具有重要意义。

湖北省地处我国中部，地质构造复杂，有着独特的地震活动特征和历史，自公元前143年以来就有关于地震的记载。据《湖北地震志》(1990)、《中国历史地震强震目录：公元前23世纪—公元1911年》(1995)和《中国近代地震目录：公元1912—1990年》(1999)，湖北省确定的历史和近代中强地震($4 \leqslant M \leqslant 6$)有31次。然而，区域上长江中游地震带地震活动性分析表明，公元1800年以前，地震资料缺失明显，资料完整性较差。基于以上原因，本书依据现已掌握的历史地震资料，继续深化考证，在综合分析的基础上进而提取确定一些遗漏的历史地震。

本书在前人研究的基础上，对湖北省历史地震进行了一次更为深入、全面的续考和震例简析。编著者搜集了湖北省及周边地区大量史料、实地考察报告，运用多种研究方法，对湖北省历史上的地震事件进行了逐一考证与分析。在注重内容的系统性和完整性的基础上，从地震发生的时间、地点、震级、烈度等多个方面进行了详细的阐述。本书按时间顺序统一编年，所考证的地震自公元前143年至公元2019年，共收录地震38个，其中地震通考16条，重要地震续考3条，典型震例简析19条。书中地震史料均据原文摘录，保持本来面目。同时，对史料进行了反复辨析，力求准确还原每一次地震发生的真实情况、深入分析地质构造背景等。

本书主要分为三部分：第一部分地震通考，是对史料和最新的研究、考察结果进行重新收集、梳理，运用现行通用的历史地震研究方法考证，包括一些新增地震目录。第二部分重要地震续考，是对现有地震目录中已有的历史地震，在新研究、新发现的基础上，对原有地震的部分参数提出修订建议。第三部分典型震例简析，收集了最新的地质调查资料，并吸收了地球物理勘探资料，简要探讨了其发震构造。

编著者希望本书能够为高校师生、科研院所等单位同行提供基础资料和新的研究视角，也希望为湖北省地震危险性区划、地震风险防治、地震动参数区划等工作中的地震史料提供科学依据，更希望让广大读者全面了解湖北省的历史地震，增强对湖北省地震灾害的认识，提高防震减灾意识。

由于地震史料的复杂性和不确定性，或因编著者工作中的疏漏，本书难免存在缺陷和错误，敬请读者和专家批评指正。

编著者

2024 年 4 月

目 录

第一章　湖北省历史地震续考概述 …………………………………………… (1)

第二章　地震通考 ………………………………………………………………… (7)

第一节　309年荆湘地震 ……………………………………………………… (7)
第二节　1045年10月6日湖北江陵—湖南岳阳间$M4\frac{3}{4}$级地震 ……………… (9)
第三节　1465年湖北襄阳南$M4\frac{3}{4}$级地震 ……………………………………… (10)
第四节　1487年2月21日湖北荆州东$M4\frac{3}{4}$级地震 ……………………………… (13)
第五节　1496年3月2日湖北郧县—重庆巫溪间$M4\frac{3}{4}$级地震 ………………… (15)
第六节　1576年湖北武昌—蒲圻间$M4\frac{3}{4}$级地震 ………………………………… (17)
第七节　1584年3月17日湖北英山$M5\frac{1}{2}$级地震 ………………………………… (18)
第八节　1599年9月13日湖北沔阳西$M4\frac{3}{4}$级地震 ……………………………… (20)
第九节　1605年春湖北武昌$M4\frac{3}{4}$级地震 ……………………………………… (22)
第十节　1614年5月10日湖北武昌等五府$M5$级地震 ……………………………… (23)
第十一节　1631年1月湖北枣阳西北$M4\frac{3}{4}$级地震 ……………………………… (25)
第十二节　1635年冬黄州—蕲州间$M4\frac{3}{4}$级地震 ………………………………… (27)
第十三节　1663年3月4日湖北钟祥$M5\frac{1}{2}$级地震 ……………………………… (29)
第十四节　1700年5月4日湖北蕲州—江西瑞昌间$M4\frac{3}{4}$级地震 ……………… (31)
第十五节　1841年6月17日湖北阳新东$M4\frac{3}{4}$级地震 ……………………………… (32)
第十六节　1885年11月3日湖北通山$M5$级地震 ………………………………… (34)

第三章　重要地震续考 …………………………………………………………… (37)

第一节　公元前143年6月7日上庸地震续考 ………………………………… (37)
第二节　788年2月16日金、房州地震续考 ……………………………………… (41)
第三节　1634年3月30日湖北罗田地震续考 …………………………………… (54)

第四章　典型震例简析 …………………………………………………………… (64)

第一节　46年南阳($M\geqslant7$)地震 ……………………………………………… (64)

第二节　788 年房县—安康间($M7\frac{1}{2}$级)地震 …………………………………… (69)
第三节　1631 年湖南常德($M7\sim7\frac{1}{2}$级)地震 …………………………………… (72)
第四节　1856 年湖北咸丰大路坝 $M6\frac{1}{4}$级地震 …………………………………… (77)
第五节　1917 年安徽霍山 $M6\frac{1}{4}$级地震 …………………………………………… (83)
第六节　1932 年 4 月 6 日湖北麻城黄土岗 $M6$ 级地震 ……………………………… (85)
第七节　1954 年 2 月 8 日湖北蒲圻(今赤壁)$M4\frac{3}{4}$级地震 …………………………… (87)
第八节　1961 年 3 月 8 日湖北宜都 $M4.9$ 级地震 …………………………………… (89)
第九节　1964 年 9 月 5 日湖北郧县 $M4.9$ 级地震 …………………………………… (92)
第十节　1969 年湖北保康 $M4.8$ 级地震 ……………………………………………… (94)
第十一节　1973 年河南淅川 $M5.1$、$M4.7$、$M5.0$ 级震群 …………………………… (97)
第十二节　1979 年 5 月 22 日湖北秭归龙会观 $M5.1$ 级地震 ………………………… (100)
第十三节　1993 年 7—8 月间湖北咸宁温泉小震群事件 ……………………………… (103)
第十四节　2000 年 4 月 29 日河南内乡—镇平间 $M4.7$ 级地震 ……………………… (108)
第十五节　2005 年 11 月 26 日江西九江—瑞昌 $M5.7$ 级地震 ………………………… (110)
第十六节　2006 年 10 月 27 日湖北随州三里岗 $M_L4.7$ 级地震 ……………………… (114)
第十七节　2013 年 12 月 16 日湖北巴东 $M5.1$ 级地震 ……………………………… (117)
第十八节　2014 年 3 月湖北秭归 $M_L4.7$、$M_L4.9$ 级双震 ……………………………… (128)
第十九节　2019 年 12 月 26 日湖北应城 $M4.9$ 级地震 ……………………………… (134)

主要参考文献 ……………………………………………………………………… (143)

第一章

湖北省历史地震续考概述

根据20世纪90年代出版的《湖北省地震志》(1990)和《中国历史强震目录:公元前23世纪—公元1911年》(1995)、《中国近代地震目录:公元1912—1990年,$M_S \geqslant 4.7$》(1999),湖北省确定的历史和近代中强震($4\frac{3}{4} \leqslant M \leqslant 6\frac{1}{2}$)有31次。然而,区域上长江中游地震带地震活动性分析表明,1800年以前,地震资料缺失明显,资料完整性差(黄玮琼,1994)。因此,依据现已掌握的历史地震资料,继续深化考证,综合分析,提取并确定一些遗漏的历史地震,对于地震区划工作具有奠基意义。

本次续考所依据的地震史料主要为《湖北地震史料汇考》(熊继平,1986)和《中国地震历史资料汇编》第一卷～第五卷(谢毓寿和蔡美彪,1983—1987),并且参考《中国历史强震目录:公元前23世纪—公元1911年》(国家地震局震害防御司,1995)中已有的考证结果和其他前人的考证结果(李善邦等,1960;范文澜,1956)。

一、考证方法

历史地震的考证遵循"以史唯源、鉴别取舍、综合辨析、实事求是"的原则。其考证方法大体如下述。

(1)依据国家标准《中国地震烈度表》(GB/T 17742—2020),评估历史地震影响场,并按震中区最大烈度值,采用经验公式$M=0.58I_0+1.5$评估震级。

(2)地震震中区破坏记载不够翔实或缺失,而有感点记载范围可以用于评估地震震级者,可按汪素云等(1993a)提出的一元回归方法拟合的有感半径与震级的经验公式评估。

$$\log R = A + BM$$

式中:R为有感半径;M为面波震级,有感地震烈度取3.5度。

表1-1给出了中国地震震级与有感半径拟合关系。表1-2给出了地震有感半径与震级的评估结果。

表 1-1　中国地震震级与有感半径拟合结果表

地震类型		地震数量/次	$\log R=A+BM$		
			A	B	标准差
历史地震		66	1.033±0.101	0.233±0.016	0.113
现代地震	$M\geqslant5$	52	0.611±0.147	0.289±0.024	0.147
	$M<5$	21	−2.803±0.555	0.974±0.119	0.166
全部地震	$M\geqslant5$	118	0.826±0.091	0.261±0.015	0.136
	$M<5$	31	−3.177±0.419	1.059±0.088	0.149

表 1-2　地震有感半径(*R*)与震级(*M*)的关系

R/km	15	25	40	75	150	170	200	230	260	300	340	390	450	520	600	690	800	900	1100
M	4	$4\frac{1}{4}$	$4\frac{1}{2}$	$4\frac{3}{4}$	5	$5\frac{1}{4}$	$5\frac{1}{2}$	$5\frac{3}{4}$	6	$6\frac{1}{4}$	$6\frac{1}{2}$	$6\frac{3}{4}$	7	$7\frac{1}{4}$	$7\frac{1}{2}$	$7\frac{3}{4}$	8	$8\frac{1}{4}$	$8\frac{1}{2}$

(3)利用地震烈度衰减关系可将震中区烈度-震级估算与有感半径-震级估算两者进行综合评估。结合汪素云等(1993b)给出的华北地区地震烈度衰减关系，本次湖北省历史地震续考采用这一拟合结果，并利用标准差 S 进行调整取舍。

长轴衰减：
$$I_a=4.432+1.355M-1.542\ln(R_a+15)$$
$$S=0.455$$

短轴衰减：
$$I_b=2.663+1.306M-1.205\ln(R_b+6)$$
$$S=0.509$$

平均轴衰减：
$$I=3.528+1.333M-1.381\ln(R+6)$$
$$S=0.467$$

(4)对于参差不齐的历史地震史料，特别注意时间、空间的密切关联和适宜震级的拟合评估，并顾及余震事件对震中区确定和震级拟合匹配的影响。

(5)本次续考历史地震史料对于记述“地微动”“地震”和“地大震”分别参照中国地震烈度表取为Ⅲ度、Ⅳ度和Ⅴ度。这早已是历史地震考证的共识，而且便于拟合分析 5 级左右的较小中等地震。

(6)对于较小中等地震主要采用有感点等圆拟合，求震中圆心及有感半径；对于可识别长、短轴椭圆有感影响者，采用椭圆拟合；对于仅知狭长地震影响场范围者，通常宜按长轴或等效半径拟合。

(7)合理地参考已知历史地震与发震断裂构造的控制作用。

(8)合理地利用前人的地震学、地震地质学和相关学科的成果与新资料、新成果，重新评估历史地震，不苛求史料的充分满足，合理而不赋成见地揭示历史地震的真实面貌。

二、考证结果

湖北省历史地震续考新增历史地震($4\frac{3}{4}\leqslant M\leqslant 6.0$)15 例案,校改震例案 3 项,重申原湖北省保留震例案 1 项。其目录见表 1-3,分布见图 1-1。同时附上现今采用的地震目录($M\geqslant 4\frac{3}{4}$)(图 1-2,表 1-4)。

这一工作意在补充严重缺失的历史地震目录,同时也提醒地震相关工作者不要认为长江中游地震带震级上限为 $M7$,因为这个震级上限是人为假定的。

表 1-3　湖北省历史地震续考新增和校改地震一览表

序号	时　间	震中位置(经纬度)	震中精度	震级 M	震中区烈度	震中参考地点	备　注
1	公元前 143 年 6 月 7 日[汉景帝后元五月丙戌(初九日)]	N32.2° E110.3°	3	6～$6\frac{1}{4}$	大于Ⅶ	湖北竹山东南	双主震,原震级 $M=5$
2	309 年 11 月 20 日—12 月 17 日间[晋孝怀帝永嘉三年十月]	N30.27° E111.27°	4	6	Ⅷ	湖北宜都南西	新增
3	788 年 2 月 16 日[唐德宗贞元四年正月朔日]	N32.38° E109.87°	3	$7\frac{1}{2}$	大于Ⅷ	湖北竹山西北	提高震级,原震级 $M=6\frac{1}{2}$,核定时间
4	1045 年 10 月 6 日[宋仁宗庆历五年八月十七日]	N29.87° E112.63°	3	$4\frac{3}{4}$		湖北江陵—湖南岳阳间	新增
5	1465 年 3—4 月[明宪宗成化元年三月]	N31.93° E112.21°	6	$4\frac{3}{4}$		湖北襄阳南	新增
6	1487 年 2 月 21 日[明宪宗成化二十三年正月十九日]	N30.29° E113.31°	3	$4\frac{3}{4}$		湖北荆州东	新增
7	1496 年 3 月 2 日[明孝宗弘治九年二月初九日]	N32.11° E110.21°	3	$4\frac{3}{4}$		湖北郧县—重庆巫溪间	新增
8	1576 年[明神宗万历四年]	N30.13° E114.08°	3	$4\frac{3}{4}$		湖北武昌—蒲圻间	新增
9	1584 年 3 月 17 日[明万历十二年二月初六日]	N30.76° E115.67°	2	$5\frac{1}{2}$	Ⅶ	湖北英山	新增
10	1599 年 9 月 13 日[明神宗万历二十七年七月二十四日]	N30.27° E112.85°	3	$4\frac{3}{4}$		湖北沔阳西	新增
11	1605 年春[明神宗万历三十三年二月]	N30.46° E114.25°	3	$4\frac{3}{4}$		湖北武汉西南	校订震中,第五代区划已增加
12	1614 年 5 月 10 日[明神宗万历四十二年四月初二日]	N30.6° E114.6°	3	5		湖北武昌东	新增

续表 1-3

序号	时 间	震中位置（经纬度）	震中精度	震级 M	震中区烈度	震中参考地点	备 注
13	1631 年 1 月[明思宗崇祯三年十二月]	N32.32° E112.47°	3	4¾		湖北枣阳西北	新增
14	1634 年 3 月 30 日[明思宗崇祯七年三月初二日]	N30.79° E115.40°	2	6	Ⅶ—Ⅷ	湖北罗田城关	校订震级、震中位置；原震级 $M=5\frac{1}{2}$
15	1635 年冬[明思宗崇祯八年冬]	N30.25° E115.10°	3	4¾		湖北黄州—蕲州间	新增
16	1663 年 3 月 4 日[清康熙二年正月二十五日]	N31.05° E112.73°	3	5½		湖北钟祥南东	新增
17	1700 年 5 月 4 日[清康熙三十九年三月十六日]	N29.85° E115.43°	3	4¾		湖北蕲州—江西瑞昌间	新增
18	1841 年 6 月 17 日[清道光二十一年四月二十八日]	N29.70° E115.35°	3	4¾		湖北阳新东	新增
19	1885 年 11 月 3 日[清光绪十一年九月二十七日]	N29.54° E114.27°	3	5		湖北通山南西	新增

注：震中精度“1”≤10km，“2”≤25km，“3”≤50km，“4”≤100km。

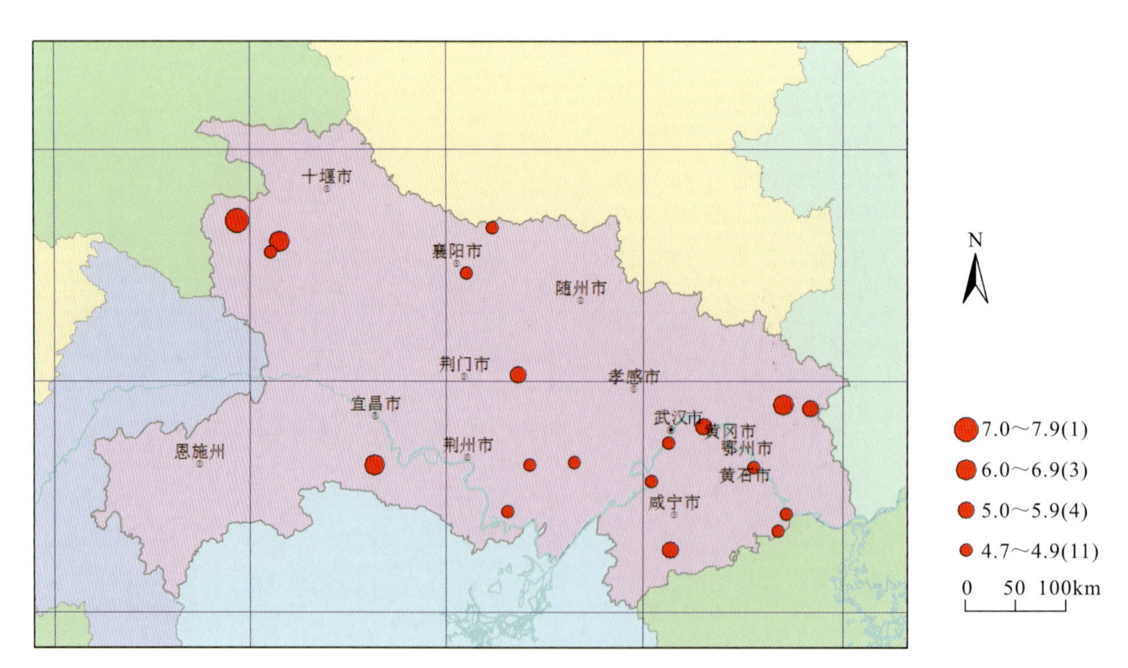

图 1-1 湖北省历史地震续考新增和校改地震分布（$M \geqslant 4\frac{3}{4}$）

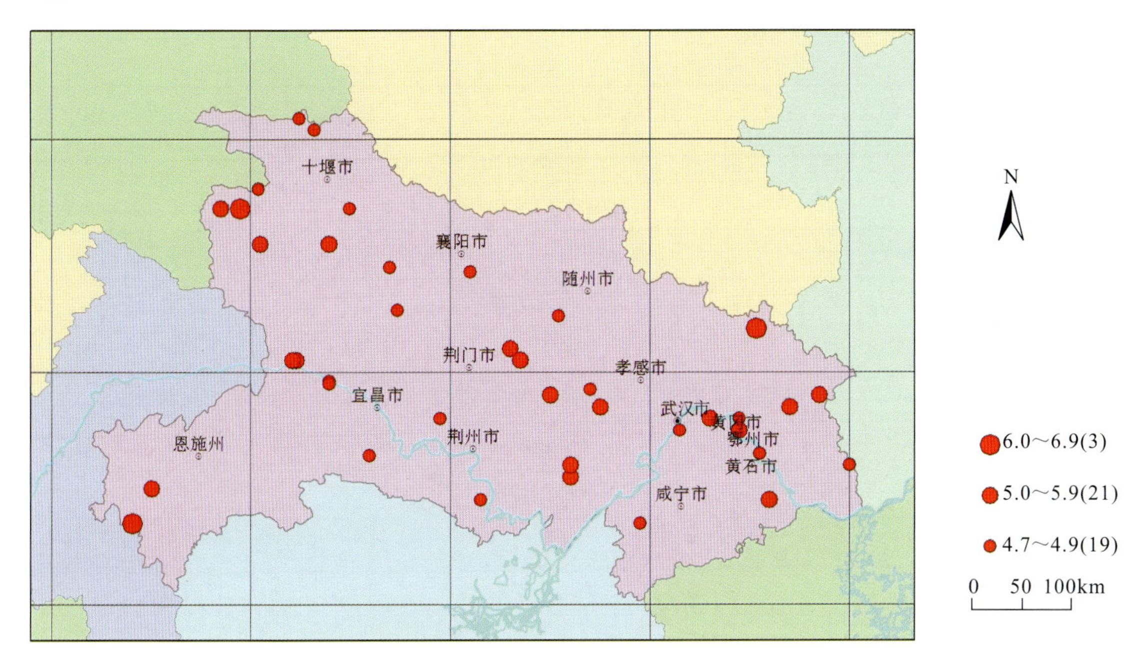

图 1-2 湖北省现今采用的地震目录地震分布($M\geqslant4\frac{3}{4}$)

表 1-4 湖北省现今采用的地震目录($M\geqslant4\frac{3}{4}$)

编号	发震时间(年-月-日)	震中位置			震中精度	震源深度/km	震级	震中烈度
		纬度/(°)	经度/(°)	参考地名				
1	公元前 143-06-07	32.1	110.1	湖北竹山西南	3	—	5(?)	Ⅵ
2	788-03-12	32.4	109.9	湖北房县—陕西安康间	4	—	$6\frac{1}{2}$(?)	Ⅷ
3	1336-03-09	30.2	116.0	安徽宿松、湖北黄梅间	2	—	$4\frac{3}{4}$	Ⅵ
4	1351-08-30	30.6	111.8	湖北枝江北	3	—	$4\frac{3}{4}$	
5	1407-—-—	31.2	112.6	湖北钟祥	2	—	$5\frac{1}{2}$	Ⅶ
6	1465-03-04	31.86	112.2	湖北襄樊南	3	—	$4\frac{3}{4}$	—
7	1469-11-13	31.2	112.6	湖北钟祥	2	—	$5\frac{1}{2}$	Ⅶ
8	1470-01-17	30.1	113.2	湖北武汉西南	3	—	5	—
9	1584-03-17	30.8	115.7	湖北英山	2	—	$5\frac{1}{2}$	—
10	1603-05-30	31.2	112.6	湖北钟祥	2	—	5	Ⅵ
11	1605-春	31.5	114.3	湖北武汉南	3	—	$4\frac{3}{4}$	—
12	1605-06-08	30.,8	113.0	湖北钟祥东南	3	—	5	—
13	1614-05-10	30.6	114.6	湖北武昌等五府	3	—	5	—
14	1620-03-05	31.1	112.7	湖北钟祥东南	3	—	5	—
15	1629-04-—	30.3	115.1	湖北黄冈蕲州间	2	—	$4\frac{3}{4}$	—

续表 1-4

编号	发震时间（年-月-日）	震中位置			震中精度	震源深度/km	震级	震中烈度
		纬度/(°)	经度/(°)	参考地名				
16	1630-夏	30.7	113.5	湖北天门汉川一带	3	—	5	Ⅵ
17	1630-10-14	30.2	113.2	湖北沔阳(今仙桃)沔城	2	—	5	Ⅵ
18	1632-—-—	32.4	109.7	湖北竹溪	—	—	5	—
19	1633-02-03	32.4	109.7	湖北竹溪	2	—	5	Ⅵ
20	1633-04-06	30.6	114.9	湖北黄冈	3	—	4¾	
21	1634-03-30	30.7	115.4	湖北罗田	2	—	5½	Ⅶ
22	1640-09-—	30.5	114.9	湖北黄冈	2	—	5	Ⅵ
23	1742-—-—	32.1	110.8	湖北房县	2	—	5	Ⅵ
24	1850-05-09	29.9	112.3	湖北公安东南	3	—	4¾	—
25	1856-06-10	29.7	108.8	湖北咸丰、四川黔江间	1	—	6¼	Ⅷ
26	1887-—-—	32.4	111.0	湖北武当山	2	—	4¾	Ⅵ
27	1897-01-05	29.9	115.2	湖北阳新	2	—	5	Ⅵ
28	1913-02-07	31.37	115.07	湖北麻城	2	—	5	Ⅵ
29	1931-07-01	30.0	109.0	湖北利川南	—	—	5	Ⅵ
30	1932-04-06	31.37	115.07	湖北麻城黄土岗	1	—	6	Ⅷ
31	1948-02-19	31.9	111.4	湖北保康	2	—	4¾	Ⅵ
32	1954-02-08	29.7	113.9	湖北蒲圻(今赤壁)	2	—	4¾	Ⅵ
33	1961-03-08	30.28	111.20	湖北宜都西	1	14	4.9	Ⅶ
34	1964-09-05	33.08	110.65	湖北郧西	1	9	4.9	—
35	1969-01-02	31.5	111.4	湖北保康	1	14	4.8	Ⅵ
36	1979-05-22	31.08	110.5	湖北秭归	1	16	5.1	Ⅶ
37	1982-03-11	33.18	110.5	湖北郧西—陕西山阳间	1	25	4.9	Ⅵ
38	2006-10-27	31.48	113.08	湖北随州	1	9	4.7	—
39	2008-03-24	32.57	110.08	湖北竹山	1	8	4.7	—
40	2013-12-16	31.08	110.46	湖北巴东	1	5	5.1	Ⅶ
41	2014-03-27	30.92	110.80	湖北秭归	1	5	4.7	—
42	2014-03-30	30.9	110.8	湖北秭归	1	5	4.9	Ⅵ
43	2019-12-26	30.87	113.40	湖北应城	1	10	4.9	Ⅵ

注：①按中国第五代地震动参数区划基础资料成果，$M_L=M_S$，即 $M=M_L$，不再用 $M_S=1.13M_L-1.08$ 换算；②“—”表示信息不详。

第二章

地震通考

第一节 309年荆湘地震

一、地震史料

晋孝怀帝永嘉三年十月 公元309年11月19日—12月17日

荆州(治江陵)

〔永嘉三年十月〕荆、湘二州地震。

《宋书·五行志》卷三十四

《晋书·五行志》卷二十九

〔永嘉三年九月(?)〕李雄别帅罗羡以梓潼归顺,刘聪攻洛阳西明门,不克。宜都夷道山崩,荆、湘二州地震。

《晋书·孝怀帝纪》卷五

〔按〕:据《资治通鉴》卷八十七,刘聪攻洛阳在十月,梓潼降为十月。《晋书·五行志》《宋书·五行志》记山崩、地震亦为十月。本纪作九月,误。晋荆州治江陵,统郡二十二。永嘉元年以后,在湖北者计有:江夏郡(治安陆)、随郡(治随,今随县)、襄阳郡(治襄阳)、顺阳郡(治酂,今光化县东)、竟陵郡(治石城,今钟祥)、成都郡(王国,治华容,今潜江西南)、南郡(治江陵)、南平郡(治江安,今公安)、建平郡(治秭归)、宜都郡(治夷道,今宜都)。《宋书·州郡志》作:湘州,晋怀帝永嘉元年,分荆州之长沙、衡阳、湘东、邵陵、零陵、营阳、建昌、江州之桂阳八郡立,治临湘(今长沙)。荆州、湘州接壤,所记荆、湘二州地震,震中是否在宜都县?待考(熊继平,1986)。

二、续考

(1)“宜都夷道山崩,荆、湘二州地震”事件发生于晋孝怀帝永嘉三年十月,同年同月时间关联密切。

(2)宜都郡属荆州府辖治,位于南郡(今江陵)西邻,荆、湘地震可涵盖宜都郡辖区,地域关联密切。

(3)夷道,宜都郡城称谓,位于长江右岸;直书“夷道山崩”则通常表明郡城或附近不太远处山崩,并且规模较大者才有影响力,而被纳入国家大事予以记载。然而宜都东部为长江河谷平原和岗地、低丘陵区,农耕人口稍多,无山崩条件;南西部为低山、丘陵与局部低中山组合地貌,人烟稀少。其中,渔洋河北东向线性峡谷长约10km,最大高差为800m,主要为寒武纪碳酸盐岩建造,悬崖峭壁,易发生山崩。宜都郡址夷道向南西20km即达北东向渔洋河峡谷北东端部,峡谷内和其他部位发生较大规模山崩易为人知,并且沿航道行客易传播山崩信息至郡城夷道。

(4)渔洋河峡谷西侧近邻曾发生1961年3月8日潘湾M_S4.9级地震,震中区烈度Ⅶ度。震中区地带展布有近东西向渔洋关断裂东端段、北北西向仙女山断裂带东支松园坪断层系统。

(5)尽管依唐朝房玄龄所修《晋书》记载字面文字,可将“山崩”与“地震”解读为两个独立事件,或相关联的地震、山崩同一事件。这种因果关系不明的记述,在《晋书》中多有见及。但是,考虑到事件的时空关联和地震地质背景条件的依存,建议作为具有因果关系的地震考量。

三、处理结果

(1)将宜都南西渔洋河峡谷地带山崩作为推定震中,则震中距江陵90km,距长沙285km,取长轴有感为Ⅳ度,建议按汪素云等(1993b)提出的有感范围与震级关系,以M6级地震处理,发震时间为309年11月20日至12月17日之间,地理坐标为N30.27°、E111.27°,宜都南西,精度为4(图2-1)。

(2)若取荆州—长沙居中点为震中,半轴长约120km,拟合震级为M5,地理坐标为N29.27°、E112.63°,湖南南县东南,精度为3(图2-1)。

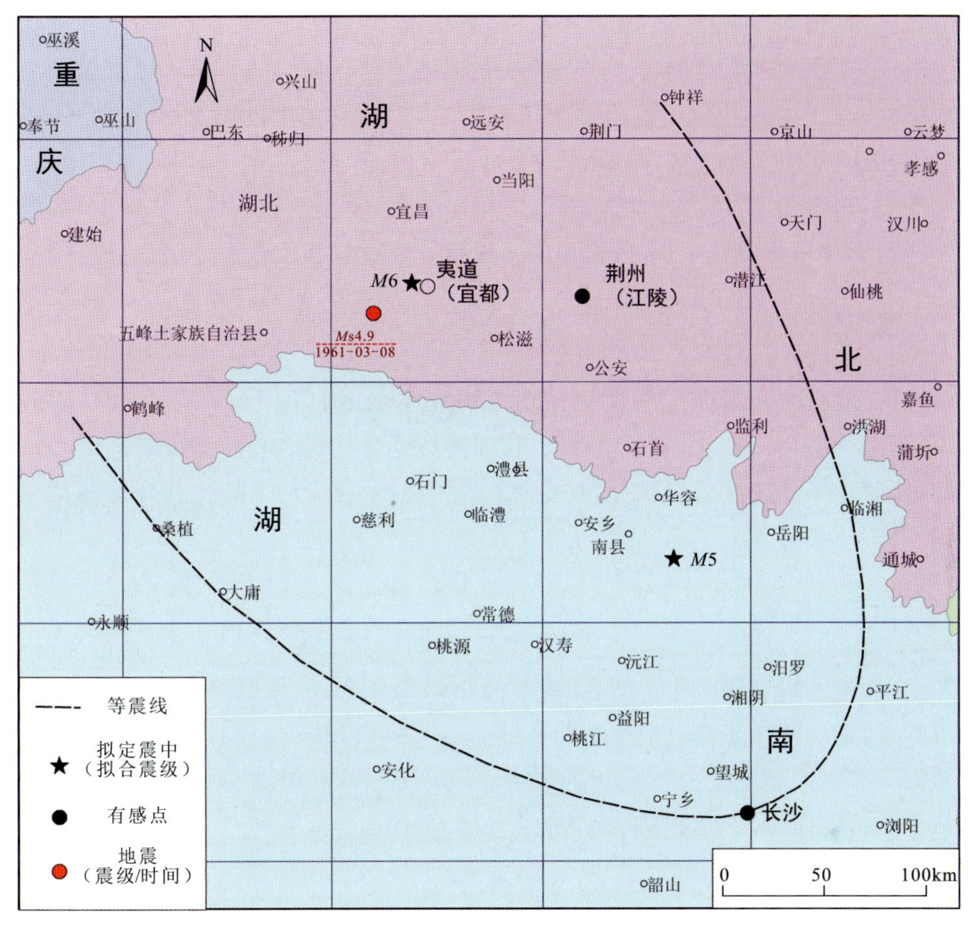

图 2－1　309 年荆湘 $M6$ 级地震

第二节　1045 年 10 月 6 日湖北江陵——湖南岳阳间 $M4\frac{3}{4}$ 级地震

一、地震史料

宋仁宗庆历五年八月十七日　　公元 1045 年 10 月 6 日

江陵府（治江陵）

〔庆历五年八月庚午〕是日，荆南府、岳州地震。

《续资治通鉴长编》卷一百五十七

《宋史·仁宗纪》卷十一

〔按〕:《皇朝编年纲目备要》作:"秋九月……广州荆南府、岳州地震"。《文献通考》作:"七月己卯,京南、岳州并地震"。今从《续资治通鉴长编》《宋史·仁宗纪》。北宋荆州为江陵府,上文作荆南府系沿用五代旧称。至南宋淳熙元年(1174 年)始改江陵府为荆南府。庆历时,有江陵郡荆南节度,领荆湖北路兵马钤辖,尚无荆南府之称,故改作江陵府。江陵府领县八:江陵、公安、潜江、监利、松滋、石首、枝江、建宁(熙宁六年,省建宁入石首,元祐元年夏,南渡后省)。岳州、巴陵郡、岳阳军节度,本军事州、县四:巴陵、华容、平江、临湘。江陵府与岳州地域相接,应视为同一地震。发震具体地点无考(熊继平,1986)。

二、续考

(1)这一地震时间明确,为宋仁宗庆历五年八月十七日,即 1045 年 10 月 6 日。

(2)荆南府治今江陵,岳州即今岳阳,相邻地域同日地震,为同一地震。

(3)江陵位于江汉盆地南翼,而其盆地南侧的近东西向中—新生代华容断隆东延至岳阳。

三、处理结果

江陵、岳阳地震烈度同为Ⅳ度,江陵与岳阳相距 140km,取其半长为 70km。按汪素云等(1993b)提出的华北地震平均半径衰减关系,建议将这一地震震级定为 $M4\frac{3}{4}$ 级,发震时间为 1045 年 10 月 6 日,震中位置取江陵至岳阳中间点,地理坐标为 N29.87°、E112.63°,石首东北天心洲,精度为 3(图 2-2)。

第三节 1465 年湖北襄阳南 $M4\frac{3}{4}$ 级地震

一、地震史料

据《湖北地震史料汇考》(熊继平,1986)和《中国地震历史资料汇编》第一卷~第五卷(谢毓寿和蔡美彪,1985)记述,1465 年湖北襄阳南 $M4\frac{3}{4}$ 级地震的史料信息如下。

明宪宗成化元年三月 公元 1465 年 3 月 27 日—4 月 24 日

襄阳府(治襄阳)

〔成化乙酉年〕襄阳府界雨黑子如黍,密处掬之盈把。彗星见西北隅,长三丈有奇,三月没。地震,摇动房屋,轰轰有声。

正德《襄阳府志·祥异》卷九 正德十二年刻本

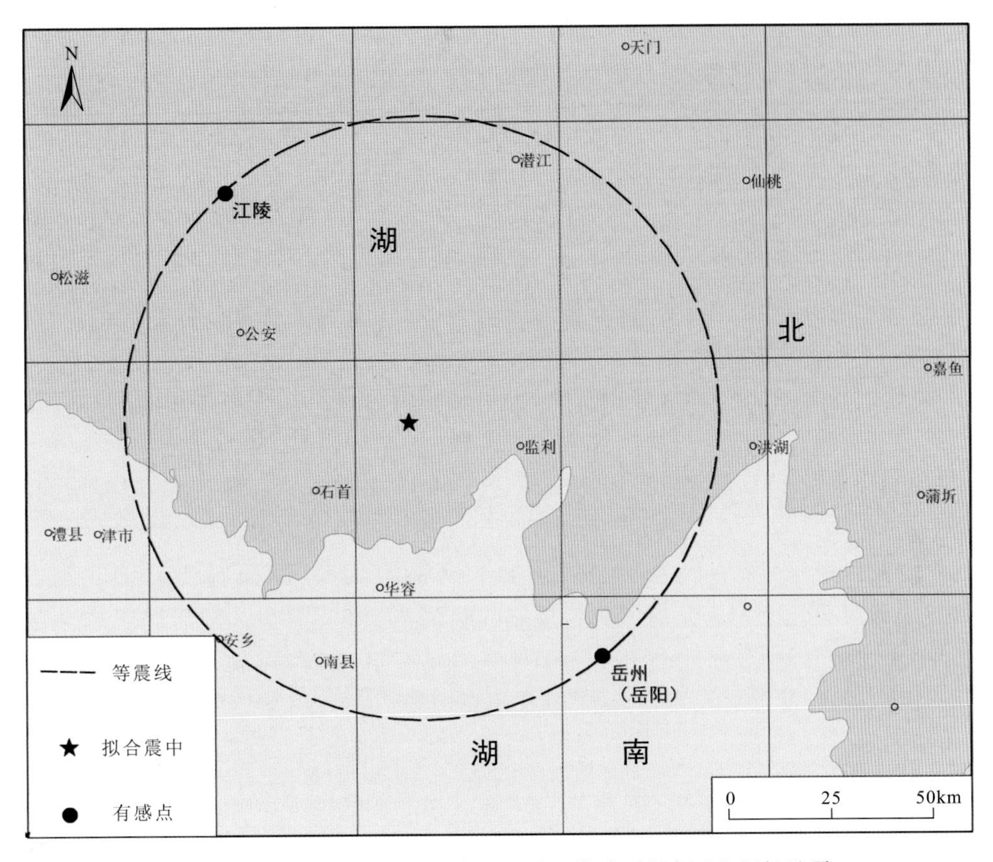

图 2－2 1045 年 10 月 6 日湖北江陵—湖南岳阳间 $M4\frac{3}{4}$级地震

南漳

〔成化元年〕南漳雨黑子如黍，地震。

万历《襄阳府志·灾祥》卷三十三 万历十二年刻本

荆门州（治长林，今荆门）

〔成化元年〕正月（?）彗星见西方，二月（?）地震。

乾隆《荆门州志·祥异》卷三十四 乾隆十九年刻本

〔按〕：《国朝典汇》作："成化元年二月彗星见，天雨黑黍于襄阳，地震，屋宇动摇有声。"《皇明大政记》记："元年二月天雨黑黍于襄阳，地震，屋宇摇动，轰轰有声。"《续文献通考》载："成化元年二月，襄阳地震，轰轰有声，时天雨黑黍。"《奇闻类记》记："国朝成化元年，天雨黑黍于襄阳，掬之盈把，及星变，地震。"《双槐岁抄》记："成化乙酉地震，屋宇动摇，轰轰有声。"今据正德《襄阳府志》查对《明史·天文》卷二十七："成化元年二月，彗星见，三月，又见西北，长三丈余，三阅月而没。"襄阳地震，在彗星又见西北之后，故作三月。《年表》未见正德《襄阳府志》，仅引用《双槐岁抄》作二月，乾隆《荆门州志》亦作二月，误。襄阳府治襄阳，领县六，州一：襄阳、宜城、南漳、枣阳、谷城、光化、均州（治今均县）。荆门州治长林，领县二：长林(今荆门)、当阳。

注：《国朝典汇》，(明)徐学聚，明刻本；《皇明大政记》，(明)朱国祯，明刻本；《续文献通考》，(明)王圻，明万历刻本；《奇闻类记》，(明)施显卿，万历丁巳刻本；《双槐岁抄》，(明)黄瑜。

二、续考

(1)按《明史·天文》卷二十七，襄阳、荆门地震发生于彗星又见西北之后，为成化元年三月，这与明朝正德十二年刻本《襄阳府志》记载的时间顺序一致。《荆门州志》所记彗星出现与尔后地震顺序相符，但时间差一个月。

(2)襄阳府地震，摇动房屋，轰轰有声，表明震感较强；荆门、南漳地震有感；由彗星星象和雨黑子如黍两方面将其与襄阳地震密切关联。

(3)地震影响范围为襄阳府界和荆门州，已知有感点大体呈南北走向，但襄阳府城更邻近震中。

(4)按《宪宗实录》卷九十，明宪宗成化七年四月丁卯湖广襄阳府，地一日再震，次日复震。这表明对成化元年襄阳府城附近地震的确认和6年后再次出现后震活动的关注。

(5)地震影响区内发育北北西向钟祥-荆门堑垒区域构造、汉水地堑，钟祥发生4次5～5½级历史地震，钟祥—荆门一带现代小震频繁。

三、处理结果

鉴于震中不详，襄阳以北和以东无明确震感记载点，笼统为襄阳府界，故仅按襄阳、南漳、荆门三点拟合。取襄阳府城地震烈度为Ⅴ度，荆门为长轴方向Ⅳ度外包络线有感点，南漳为短轴方向Ⅳ度有感点。由于襄阳与荆门相距110km，因此按照汪素云等(1993a)提出的华北地震烈度衰减关系和武汉地震工程研究院提出的华中南地区地震烈率衰减关系，可取襄阳南20km处为较小中等地震震中，则震中距荆门90km，距南漳40km，满足$M4\frac{3}{4}$级地震的地震影响基本要求，即满足襄阳地震烈度为Ⅴ度，邻近震中摇动房屋，轰轰有声，但无轻破坏的条件，同时也满足荆门、南漳地震烈度为Ⅳ度的拟合要求。故评估这一地震震级极小值为$M4\frac{3}{4}$级，发震时间为1465年3—4月；震中位置地理坐标为N31.93°、E112.21°，襄阳南，精度为3(图2-3)。

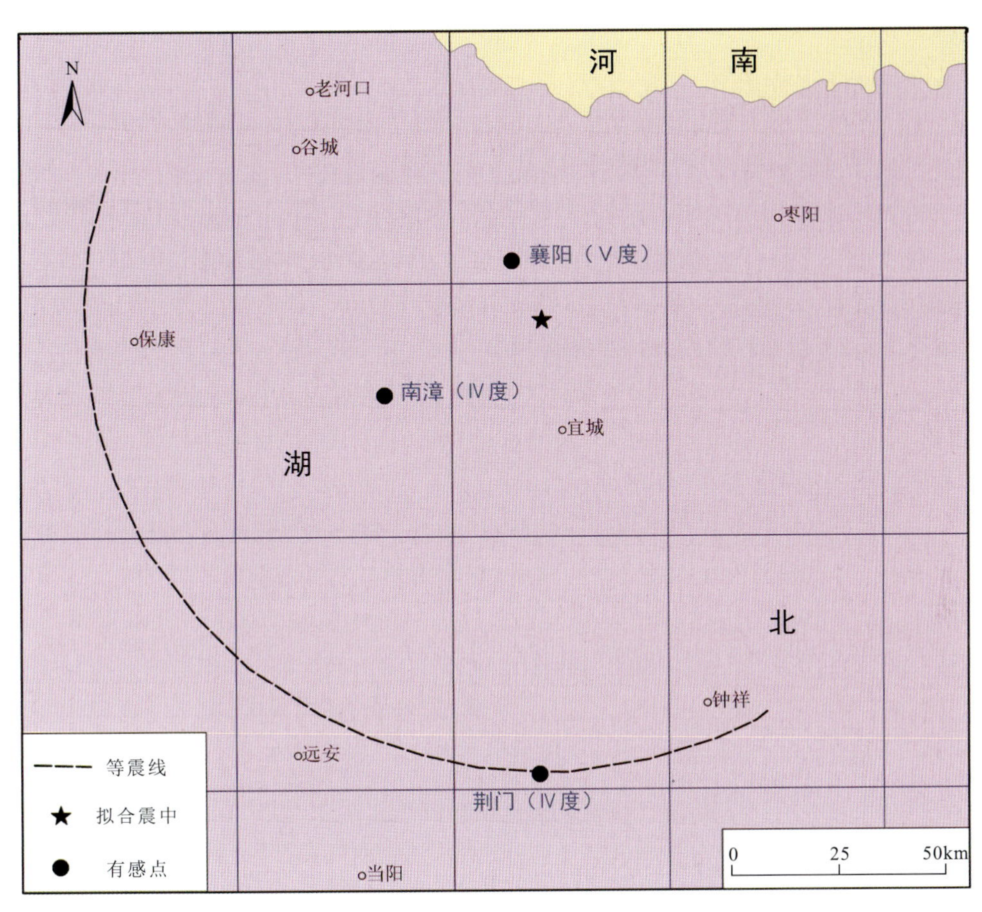

图 2-3　1465 年 3—4 月湖北襄阳南 $M4\frac{3}{4}$ 级地震

第四节　1487 年 2 月 21 日湖北荆州东 $M4\frac{3}{4}$ 级地震

一、地震史料

明宪宗成化二十三年正月十九日　　公元 1487 年 2 月 12 日

荆州府（治江陵）

〔成化二十三年正月庚申〕湖广荆州府地震。

《宪宗实录》卷二百八十六

〔按〕:明代荆州府治江陵，领州二、县十一：江陵、公安、石首、监利、松滋、枝江、夷陵州（今宜昌市）、宜都、长阳、远安、归州（今秭归）、兴山、巴东（熊继平，1986）。

明宪宗成化二十三年正月　　公元 1487 年 1 月 25 日—2 月 22 日

咸宁

〔成化二十三年春正月〕地震。

光绪《咸宁县志·灾祥》卷八　光绪八年刻本

〔按〕:康熙、同治《咸宁县志》均作"成化三十三年春地震"。该志文序,此条件成化六年后,弘治元年前,三十三年应为二十三年之误,成化只有二十三年,后志修正。嘉庆《湖北通志》载:"成化二十三年春咸宁地震。秋,孝感、应城地震。"(熊继平,1986)

德安(安陆)

〔成化三(二)十三年春〕地震,产白乌。

(清)傅鹤祥《德安府志》卷二　康熙二十四年刊本

孝感

〔成化二十三年〕地震,产白乌。

康熙《孝感县志·灾异》卷六　康熙十二年刻本

乾隆《汉阳府志·五行志》卷三　乾隆十二年刻本

应城

〔成化二十三年春〕地震。应城大水,漂民庐舍。

(清)樊司铎《应城县志》卷三　康熙十年刊本

应城

〔成化二十三年春〕地震。

雍正《应城县志·祥异》卷七　雍正四年刻本

咸丰《应城县志·祥异》卷六　咸丰元年稿本

二、续考

(1)明宪宗成化二十三年正月庚申(1487 年 2 月 21 日)湖广荆州府地震,见于《成化实录》卷二八六,明确无误。康熙年间所修咸宁、德安县志误为成化三十三年,因为成化仅有二十三年,但季节相符,为"春"。按风俗,正月里人们尤其喜好用"春"时记事。因此,咸宁、德安(安陆)、应城所记地震有感与荆州府地震在时节上具有较好的一致性。

(2)荆州、咸宁、德安、应城为相邻地区,空间上密切关联。

(3)远场无大震记载,区域无较大中强震影响记载。

三、处理结果

取荆州(江陵)、咸宁、德安(安陆)为地震烈度Ⅳ度外包络线有感点,应城为Ⅳ度区内有感点,按前三者共圆求圆心震中,则圆心震中位于旧沔城东北 12km 的排湖,而圆半径约 104km,依据汪素云等(1993a)提出的华北地震烈度平均轴衰减关系,建议将这次地震评估为 $M4\frac{3}{4}$ 级,震中坐标为 N30.29°、E113.31°,发震时间为 1487 年 2 月 21 日,精度为 3。该拟合 $M4\frac{3}{4}$ 级地震震中位于隐伏的北东向通海口凸起断裂构造带内。该构造带内发生过 1470 年、1630 年旧沔城两次 5 级地震(图 2-4)。

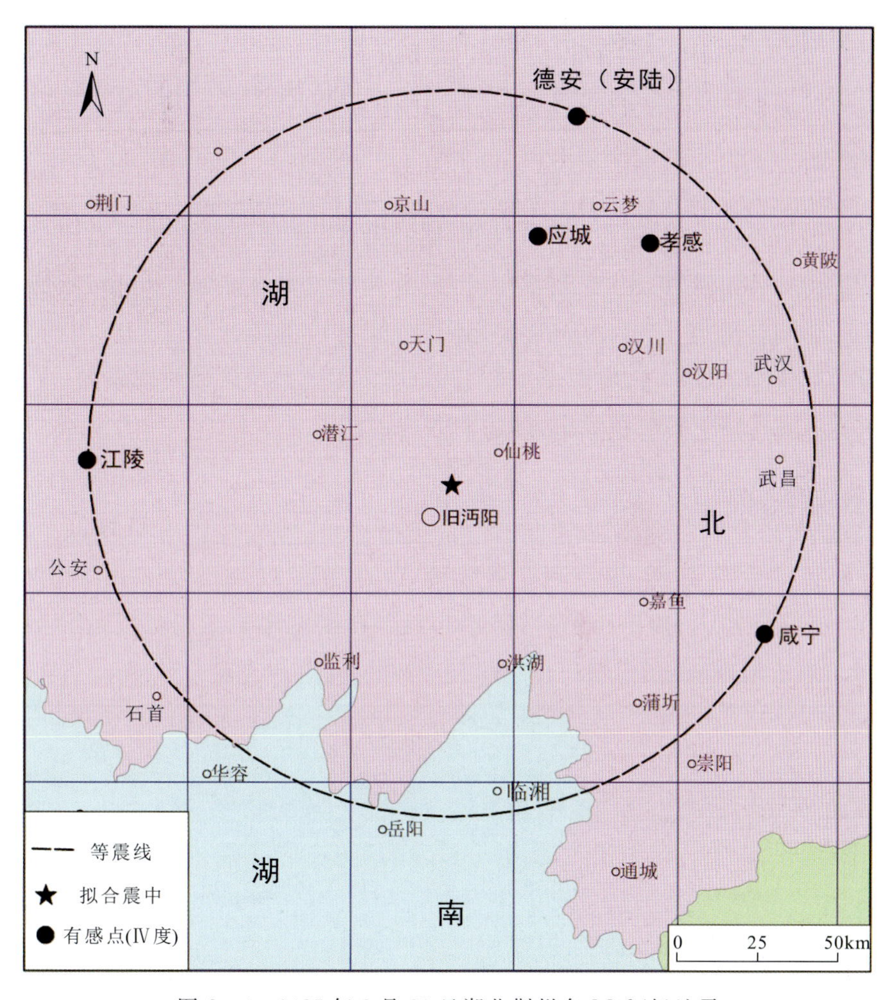

图 2-4　1487 年 2 月 21 日湖北荆州东 $M4\frac{3}{4}$ 级地震

第五节　1496 年 3 月 2 日湖北郧县—重庆巫溪间 $M4\frac{3}{4}$ 级地震

一、地震史料

明孝宗弘治九年二月初九日　　公元 1496 年 3 月 2 日

郧阳府（治郧县）

〔弘治九年二月丁巳〕湖广郧阳府、四川大宁县同日地震。

《孝宗实录》卷一百零九

〔弘治九年二月丁巳〕郧阳、大宁各地震。

《国榷》卷四十三

〔按〕:明代四川大宁县属夔州府,今巫溪县。郧阳府,成化十二年十二月置,治郧县,邻县七:郧县、房县、竹山、竹溪、郧西、上津(郧西县上津)、保康(熊继平,1986)。

二、续考

(1)郧阳府与四川大宁县(今巫溪)相邻,同日地震,并且史料首先出自《孝宗实录》,应视作一次地震。《国榷》所述"各地震",有歧义,并非仅指各自独立的事件,因为《孝宗实录》记述的郧阳府地震,不仅表示府址郧阳(今郧县),也涵盖郧阳府辖治的县郡。显然,史料表面上仅所述郧阳、大宁两个地震有感点,实际上涉及区域范围较大。

(2)区域内无其他中等地震记载,远场无大震记载。

三、处理结果

郧阳(郧县)、大宁(巫溪)地震烈度为Ⅳ度,两点相距196km,取其居中点为拟合震中,位于竹山南深河街,半轴长98km。依华北地震烈度衰减关系,建议将这一地震评估为$M4\frac{3}{4}$级。震中地理坐标为N32.11°、E110.21°,精度为3(图2-5)。

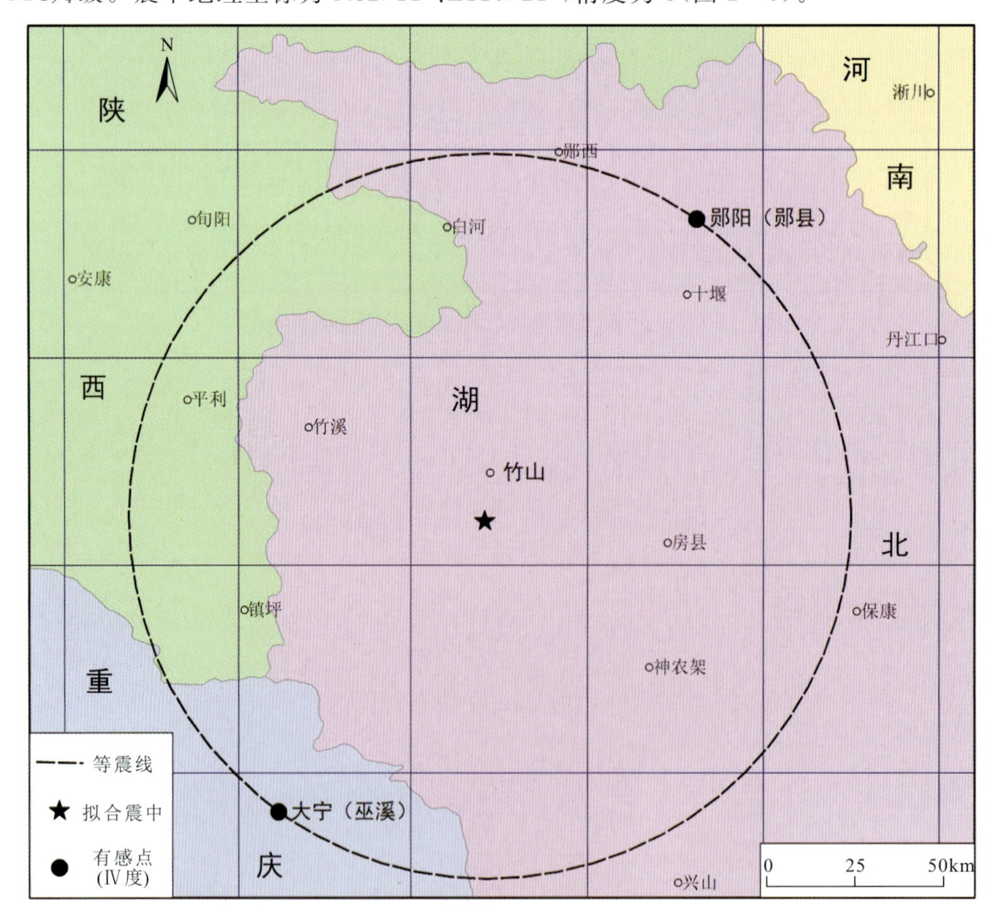

图2-5 1496年3月2日湖北郧县—重庆巫溪间$M4\frac{3}{4}$级地震

第六节 1576 年湖北武昌—蒲圻间 $M4\frac{3}{4}$ 级地震

一、地震史料

明神宗万历四年 公元 1576 年(熊继平,1986)

武昌府(治江夏,今武昌)

〔万历四年〕武昌府地大震。

康熙《武昌府志·灾异》卷四 康熙二十二年钞本

同治《江夏县志·祥异》卷八 同治八年刻本

蒲圻

〔万历四年〕地大震。

康熙《蒲圻县志·纪异》卷十四 康熙十二年刻本

二、续考

(1)本次地震《武昌府志》和《蒲圻县志》均记万历四年地大震,无月日。蒲圻县属武昌府辖治,记述地大震先于康熙十二年县志。武昌府下属县州有江夏(今武昌)、武昌(今鄂州)、嘉鱼、蒲圻、咸宁、崇阳、通城、大冶、通山等县和兴国州(今阳新),其记述地大震于康熙二十二年府志,表明确认府址武昌有明显震感,而且某些属县亦应有震感,但不详。

(2)万历四年区域无其他中等地震记载,远场无大震记载。

三、处理结果

(1)武昌府(治江夏,今武昌)与蒲圻县相距 100km,均为地大震,地震烈度为Ⅴ度。取居中点为拟合震中,半轴长 50km,按地震烈度平均轴或长轴衰减关系,均满足 $M5$ 级地震的Ⅴ度影响场要求。

(2)考虑到无更多的有感点记述,建议将这次地震震级评估为 $M4\frac{3}{4}$ 级。拟合震中地理坐标为 N30.13°、E114.08°,位于嘉鱼北东斧头湖,精度为 3(图 2-6)。

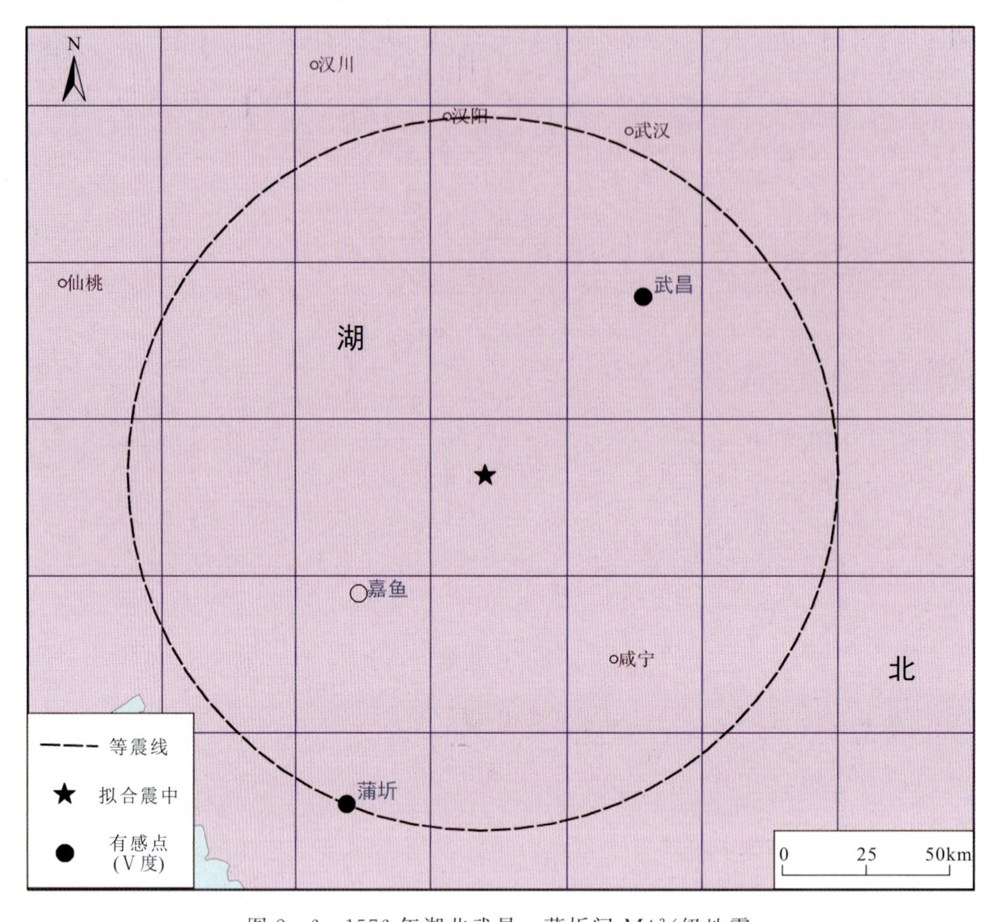

图 2-6　1576 年湖北武昌—蒲圻间 $M4\frac{3}{4}$ 级地震

第七节　1584 年 3 月 17 日湖北英山 $M5\frac{1}{2}$ 级地震

一、地震史料

明万历十二年二月初六日　　公元 1584 年 3 月 17 日

南直隶安庆府(治怀宁,今安徽安庆)

〔万历十二年甲申二月初六日〕地震。

(清)姚琅《安庆府志》卷一四　康熙二十二年刊本

〔按〕:康熙《怀宁县志》同。

南直隶桐城(今安徽桐城)

〔万历十二年甲申二月初六日〕地震。

(清)廖大闻《桐城县志》卷二三　道光七年刊本

南直隶望江(今安徽望江)

〔万历十二年二月初六日〕地震。

(明)罗希益《望江县志》卷八 万历二十二年刊本

〔按〕:顺治、康熙、乾隆《望江县志》同。

南直隶潜山(今安徽潜山)

〔万历十二年甲申二月初六日〕地震。

(清)周克友《潜山县志》卷一 康熙十四年刊本

南直隶宿松(今安徽宿松)

〔万历十二年甲申二月六日〕地震。

(清)朱维高《宿松县志》卷三 康熙十四年刊本

南直隶英山(今湖北英山)

〔万历十二年二月初六日〕地震,房屋尽塌。

(清)张海《英山县志》卷二六 乾隆二十一年刊本

二、续考

(1)这次地震的发震时间,安庆府(治怀宁)及所属桐城、望江、潜山、宿松等均记作万历十二年二月初六日,地震有感,并且隶属于庐州府六安州的英山县也记作万历十二年二月初六日地震,破坏严重,言称“房屋尽塌”。因此,可以认为两府独立修志,不存在抄袭行为,并且在安庆府各县记述一致的条文中,《望江县志》是万历二十二年刊本,仅与地震相去10年,应是可信记述。

(2)这次地震英山有严重破坏,“房屋尽塌”,应为极震区震中地带,东侧安庆、望江、潜山、宿松等地有感,构成震中往东的有感范围。

(3)这次英山地震有别于万历十三年二月六日的巢县、铜陵间地震,有感范围较大,记述地震的有应天(今南京)、扬州、淮安、江宁、江浦、六合、溧阳、庐州(今合肥)、天为、庐江、当涂、和县、来安、桐庐等。巢县记作“地大震,墙屋有倾覆者”;贵池记作“地震有声、城垣多裂”;铜陵记述与贵池相同。它们均为轻破坏,逊于英山记述的“房屋尽塌”。因此,不宜将英山地震以时间疑误而划归巢县地震,分别以独立的地震处理为好。

三、处理结果

由于英山至安庆最大有感半径仅135km,并考虑到英山震中较严重的震害,烈度不低于Ⅶ度,但震害详情不明,因此建议将1584年3月17日英山地震的震级定为$M5\frac{1}{2}$级为宜,亦即恢复1971年科学出版社出版的《中国地震目录》中英山1584年3月17日$M5\frac{1}{2}$级地震为独立的地震。震中地理坐标为N30.76°、E115.67°,精度为2(图2-7)。

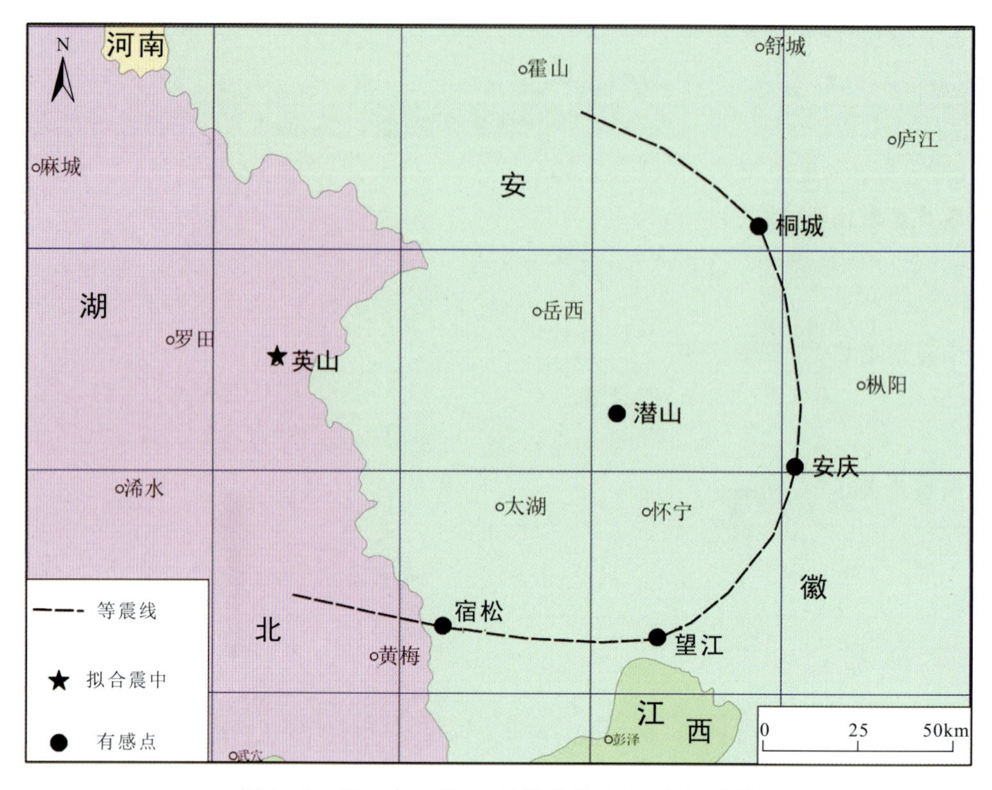

图 2-7　1584 年 3 月 17 日湖北英山 $M5\frac{1}{2}$级地震

第八节　1599 年 9 月 13 日湖北沔阳西 $M4\frac{3}{4}$级地震

一、地震史料

明神宗万历二十七年七月二十四日　　公元 1599 年 9 月 13 日

承天府（治钟祥）、**沔阳州**（治沔阳）

〔万历二十七年七月辛未〕湖广承天府、沔阳州及岳州地震。

《神宗实录》卷三百三十七

《明史·五行志》卷三十

〔按〕：康熙《潜江县志》载："万历二十五年丁酉八月，河水震荡，池井俱溢"；乾隆《荆门州志》载："万历二十六年八月，江河震荡，池井俱溢（潜江荆门均属承天府）。"（谢毓寿和蔡美彪，1983—1987）

二、续考

（1）明神宗万历二十七年七月辛未（1599 年 9 月 13 日）湖广承天府（今钟祥），沔阳州

(今沔城)及岳州(今岳阳)地震,见及于《神宗实录》卷三百三十七,时间确定,空间上南北相邻,应视为同一地震。

(2)潜江、荆门均属承天府管辖,其县志所记述地震现象时间上差1～2年,但季节相近,可予以参考。此外,乾隆《荆门州志》有抄袭前朝康熙《潜江县志》所述的痕迹,作"江河震荡,池井俱溢"。这一现象符合潜江低平原河湖区,与荆门丘陵山区似有不符。

(3)远场无大震记载,区域内无较大中强震记载。

三、处理结果

钟祥、沔城、岳阳均作为地震烈度Ⅳ度点,三点构成南北狭长的三角形地震有感区。由于三角形区外无地震影响高值参改点,因此,取三角形最长边钟祥至岳州半长点拟合为震中,平均有感半径约为105km,建议震级取值为$M4\frac{3}{4}$级、发震时间为1599年9月13日。拟合震中地理坐标为N30.27°、E112.85°,位于潜江南20km处刘家场,精度为3(图2-8)。这一拟合震中适宜配置相距20km以远的康熙《潜江县志》记述的"河水震荡,池井俱溢"的Ⅴ度影响场景观。

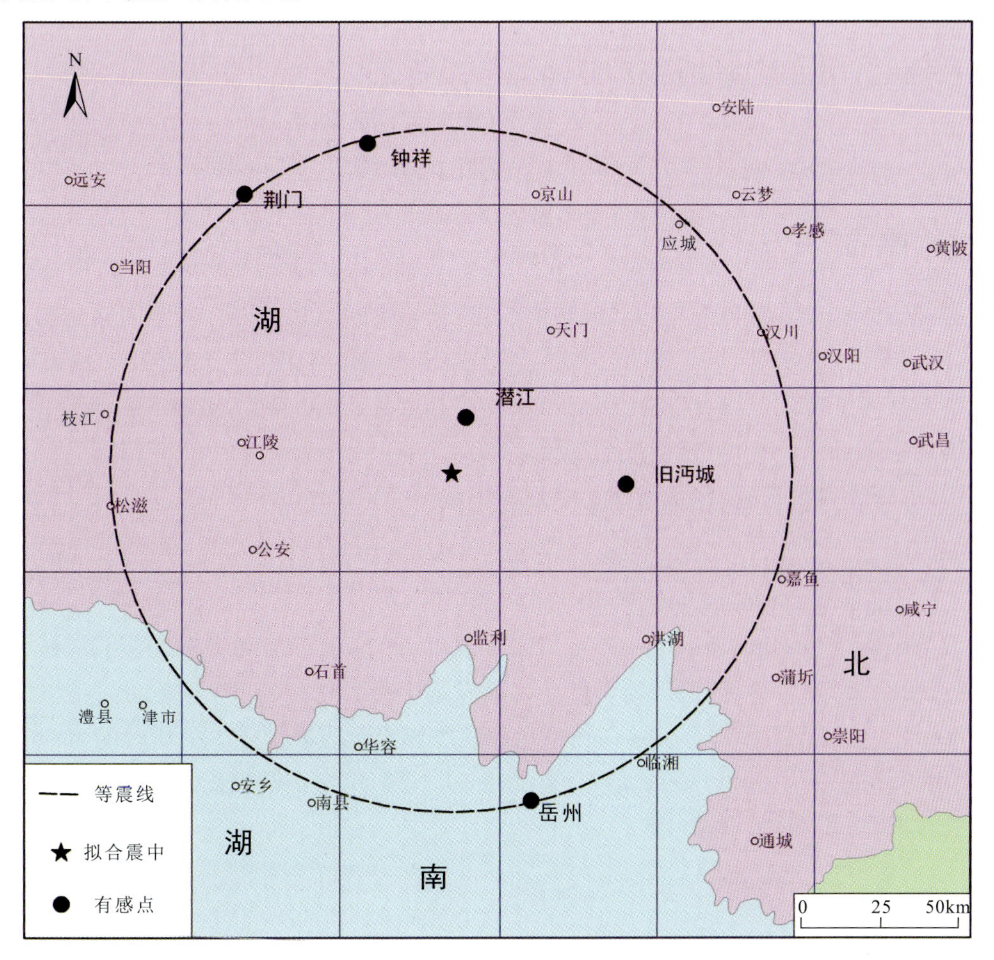

图2-8　1599年9月13日湖北沔阳西$M4\frac{3}{4}$级地震

第九节　1605年春湖北武昌 $M4\frac{3}{4}$ 级地震

一、地震史料

明神宗万历三十三年二月　　公元1605年3月19日—4月17日(熊继平,1986)

武昌府(治江夏·今武昌)

〔万历三十三年二月〕地大震,三昼夜。火烧察院公署。

康熙《武昌府志·灾异》卷四　康熙二十二年钞本

康熙《江夏县志·灾祥》卷一　康熙二十二年刻本

蒲圻

〔万历三十三年二月〕地震。

康熙《蒲圻县志·纪异》卷十四　康熙十二年刻本

黄冈

〔万历三十有三年〕地震。

万历《黄冈县志·祥异》卷十　万历三十六年刻本

〔按〕:嘉庆《湖北通志》作:"万历三十三年春二月,蒲圻、黄冈地震"。

二、续考

(1)明神宗万历三十三年二月,武昌府(今武昌)、蒲圻、黄冈地震,时空关联密切。

(2)武昌府(治江夏,今武昌)地大震,三昼夜,火烧察院公署,记事独特。"地大震"表明地震烈度为Ⅴ度,"三昼夜"则说明武昌府感受余震序列,并且邻近震中区,地震时尚发生火灾。

(3)远场无大震记载,区域无其他中强震记载。

三、处理结果

武昌距蒲圻100km,距黄冈56km。地震烈度:武昌(江夏)地大震、邻近震中,为Ⅴ度,并感受余震序列;蒲圻、黄冈为Ⅳ度。将地震震中配置于武昌府(江夏)向蒲圻方向南西10km处,则拟合震中符合上述三点位地震烈度影响场衰减要求。发震时间为1605年春,震级仍评估为 $M4\frac{3}{4}$ 级,震中地理坐标为N30.46°、E114.25°,精度为3,拟合震中位于武昌长江东岸(右岸)青菱湖(图2-9)。

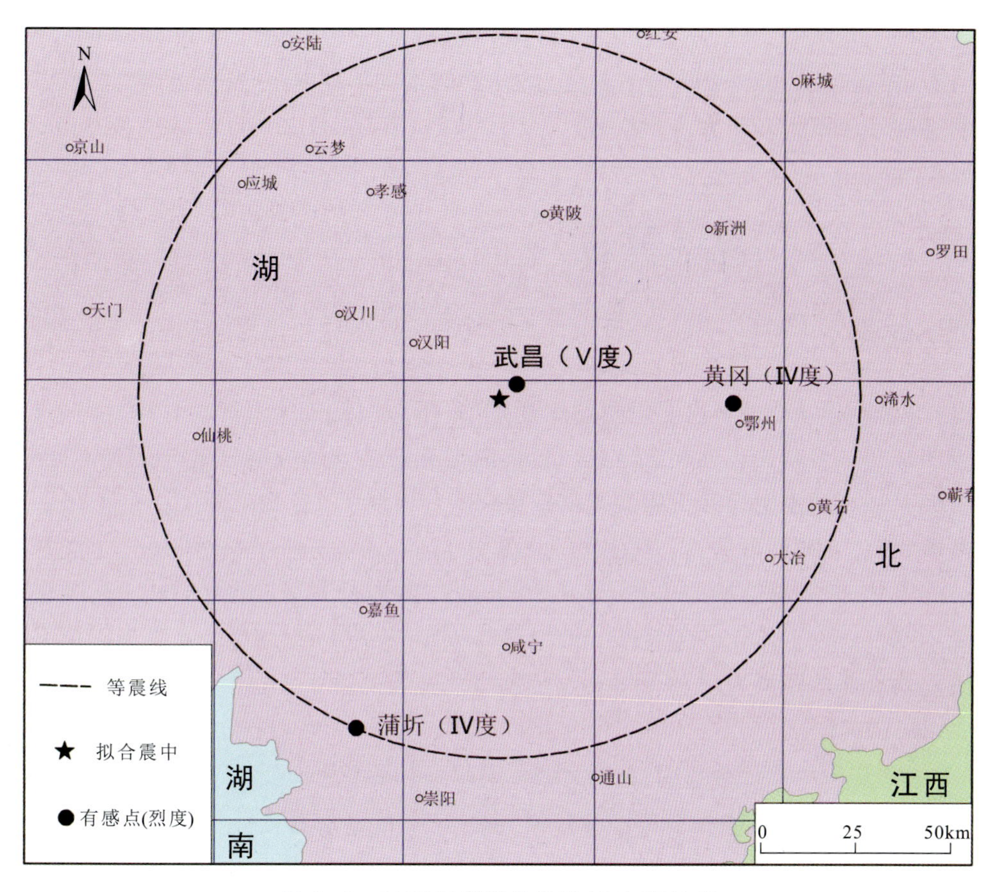

图 2-9　1605 年春湖北武昌 $M4\frac{3}{4}$ 级地震

第十节　1614 年 5 月 10 日湖北武昌等五府 M5 级地震

一、地震史料

明神宗万历四十二年四月初二日　　公元 1614 年 5 月 10 日

武昌、汉阳、黄州等府

〔万历四十二年四月初二日〕湖广武昌、黄州、汉阳等五府同日地震(总志)。

(清)王宗尧,康熙《蕲州志·祥异》卷十二　康熙四年刻本

〔万历四十二年四月初二日〕湖广武昌、汉阳、黄州同日地震。

(清)苏良嗣,康熙《黄州府志·天文》卷一　康熙二十四年刻本

〔万历四十二年四月〕黄州地震。

康熙《湖广通志·祥异》卷二　康熙二十三年刻本

〔按〕:康熙《罗田县志》和《黄安县志》均作:“四十二年夏四月,黄州地震”。

明神宗万历四十二年九月十八日　　公元1614年10月20日(熊继平,1986)

武昌等处

〔万历四十二年九月丁卯〕湖广武昌等处地震。

《神宗实录》卷五百二十四

二、续考

(1)本次地震记载最早见于康熙四年刻本《蕲州志》,其所述不仅有具体时间(万历四十二年四月初二日),而且强调武昌、黄州、汉阳等五府广大地域同日地震,但未明确另外两处为何属县。根据明朝万历年代行政配置,以汉阳、武昌、黄州拟合中心点至相邻府域的距离来判定,有如下数据:至东侧庐州府英山120km、安庆府宿松165km、九江府瑞昌145km;至北侧信阳府信阳180km、商城165km;至南侧岳州府临湘150km;至西侧承天府沔阳105km、天门120km;至德安府孝感66km、云梦85km。显然,从拟合震中至前述三府周邻州府属县距离为66~180km。依据华北地震烈度平均轴衰减关系,估计其震级为$M4\frac{3}{4}$~5.0级。

(2)由于这次地震记载指明的中心地区武昌、黄州、汉阳属繁华府城,没有地震破坏记述,因此,这次地震震级不太可能大于$M5$级,只要有感范围达到五府地域则其可为震级较小的中等地震。

(3)同年九月十八“湖广武昌等处地震”则有可能为四月初二地震的余震事件,推测其和主震应离武昌不远,而且余震影响主要涉及武昌府属地域。

(4)万历四十二年区域无其他中等地震记载,远场无大震记载。

三、处理结果

(1)取黄州、武昌、汉阳三地中心点为拟合震中,最早记载此次地震的蕲州为有感点,取拟合震中至蕲州距离为半径作圆,半径长约111km,涉及最为相邻两府的云梦、孝感、沔阳等地(图2-10)。

(2)按华北地震烈度平均轴衰减关系,建议将这次武昌等五府地震评估为$M5$级,并兼顾承天府、德安府相邻郡县地震有感。拟合震中地理坐标为N30.6°、E114.6°,精度为3,发震时间为1614年5月10日。

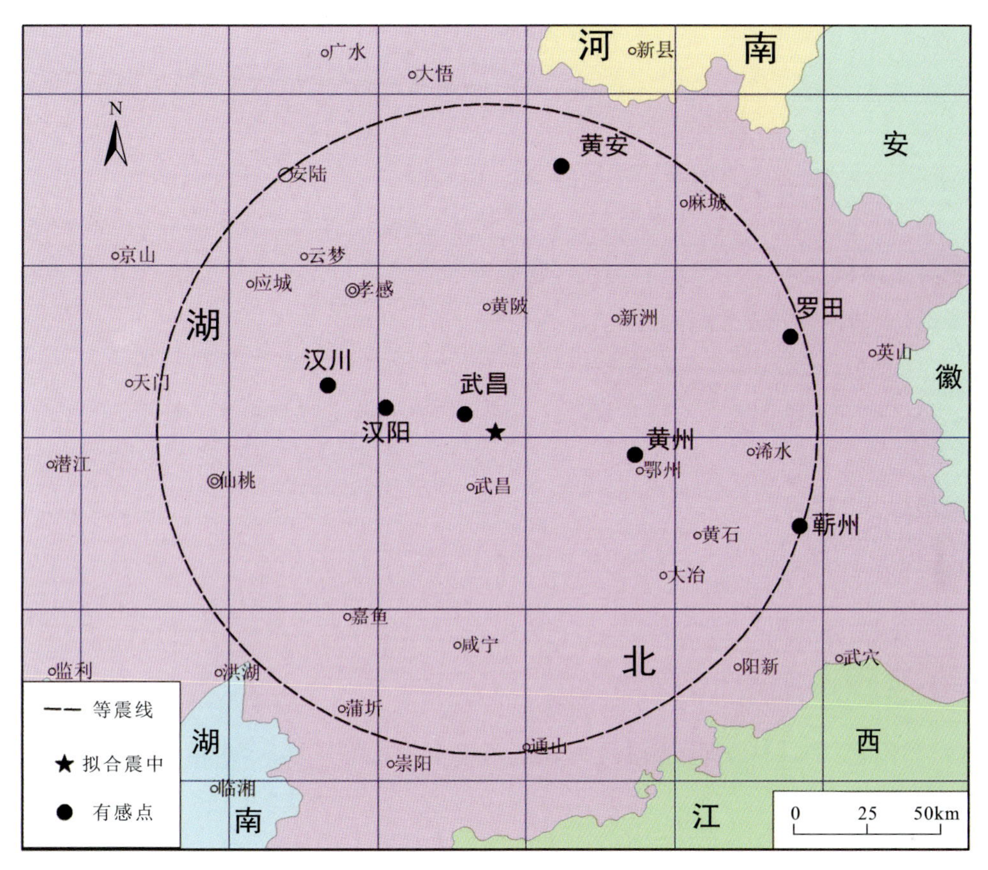

图 2-10　1614 年 5 月 10 日湖北武昌等五府 $M5$ 级地震

第十一节　1631 年 1 月湖北枣阳西北 $M4\frac{3}{4}$ 级地震

一、地震史料

明思宗崇祯三年十二月　　公元 1631 年 1 月 2 日—1 月 31 日(熊继平,1986)

枣阳

〔崇祯三年冬〕枣阳,夜,地震有声。

顺治《襄阳府志·灾祥》卷十九　顺治九年刻本

〔崇祯三年庚午冬十二月〕地震有声。

咸丰《枣阳县志·祥异》卷十五　咸丰四年稿本

襄阳

〔崇祯三年十二月〕夜，襄阳地震有声。

顺治《襄阳府志·灾祥》卷十九　顺治九年刻本

谷城

〔崇祯三年冬十二月〕地震。

同治《谷城县志·祥异》卷八　同治六年刻本

明思宗崇祯三年　公元1631年（谢毓寿和蔡美彪，1983—1987年）

唐县（今河南唐河）

〔崇祯三年〕地震，床席器具皆敧。

（清）平鄗鼎《唐县志》卷一　康熙三十五年刊本

乾隆《唐县志》同

桐柏

〔崇祯三年〕地震。

（清）巩敬绪《桐柏县志》　乾隆十八年刊本

二、续考

（1）枣阳、襄阳、谷城记地震时间为崇祯三年十二月或三年冬，桐柏、唐河记为崇祯三年，时空关联尚密切。

（2）襄阳、枣阳地震有声，表明这两个有感点离震中不太远。

（3）远场无大震记载，区域无其他中强震记载。

三、处理结果

此次地震襄阳、枣阳、谷城、唐河及桐柏五地有感，但襄阳、枣阳地震有声，震感较强，故取谷城、唐河、桐柏三地有感点作椭圆，谷城至桐柏两地距离最大，作为该地震有感区长轴方向，长半轴长80.25km，短半轴长40km（图2－11）。此次地震震中取这两点几何中心，震中拟合地理坐标为N32.32°、E112.47°，位于枣阳西北，较好地拟合了襄阳、枣阳震感较强的史料，发震时间为1631年1月，精度为3，地震震级为$M4\frac{3}{4}$级（图2－11）。

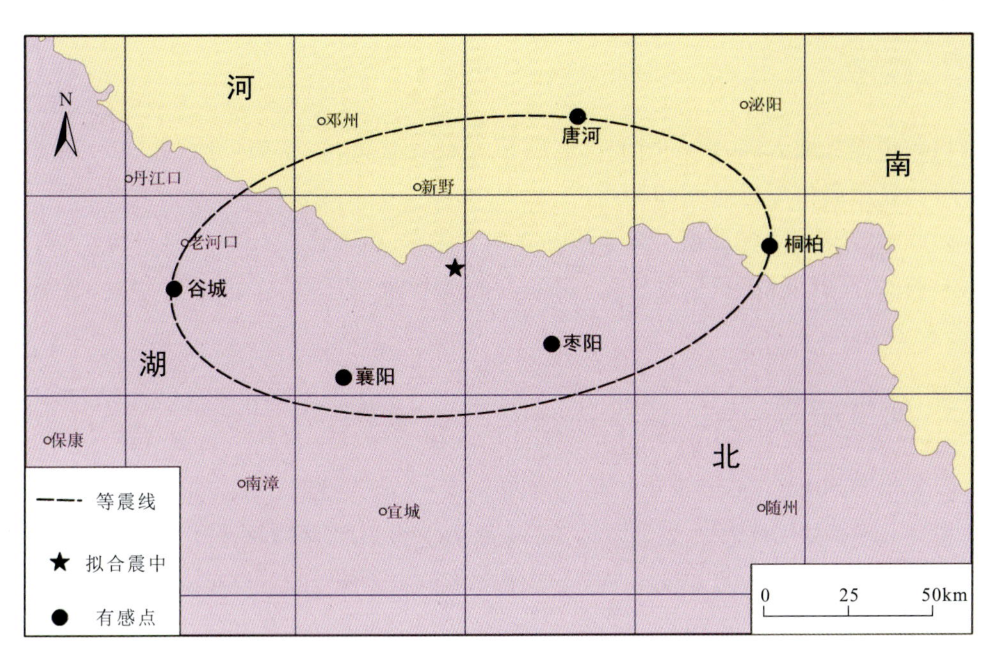

图 2－11　1631 年 1 月湖北枣阳西北 $M4\frac{3}{4}$ 级地震

第十二节　1635 年冬黄州—蕲州间 $M4\frac{3}{4}$ 级地震

一、地震史料

明思宗崇祯八年多　　公元 1635 年冬(熊继平,1986)

黄州、黄安

〔崇祯八年冬〕黄州郡县地大震,嗣是屡震。

康熙《湖广通志·祥异》卷三　康熙二十三年刻本

康熙《黄安县志·祥异》卷一　康熙三十六年刻本

黄冈

〔崇祯八年冬〕地大震。

道光《黄冈县志·祥异》卷二十三　道光二十八年刻本

蕲水(今浠水)

〔崇祯八年〕又震。

乾隆《蕲水县志·祥异》卷末　乾隆二十三年刻本

蕲州

〔崇祯八年冬〕蕲、黄,地大震,嗣是屡震(旧志)。

康熙《蕲州志·祥异》卷十二　康熙四年刻本

二、续考

（1）黄州郡县地大震，嗣是屡震。记载地大震者有黄州、蕲州（今蕲州镇），且均感受余震序列，显示震中邻近黄州和蕲州。

（2）蕲水（今浠水）有震感。其他郡县亦应有震感，但不详。

（3）黄安（今红安）记载雷同《湖广通志》，疑为抄录，但宜应考虑为有感点，是黄州府辖治郡县之一。

三、处理结果

（1）黄州、蕲州地大震，烈度为Ⅴ度，且均邻近震中，取二者的中点为拟合震中，两者相距66km，按华北地震烈度长轴衰减公式，计算的震级为 $M4.83$；按平均轴计算则震级为 $M4.90$。

（2）取黄安（今红安）为Ⅳ度有感，震中距 124km，按华北地震烈度长轴衰减公式计算的震级为 $M5.30$。

（3）建议将 1635 年冬黄州、蕲州间地震震级确定为 $M4\frac{3}{4}$ 级，主震-余震序列，震中拟合地理坐标为 N30.25°、E115.10°，位于黄石市江北，精度为 3（图 2－12）。

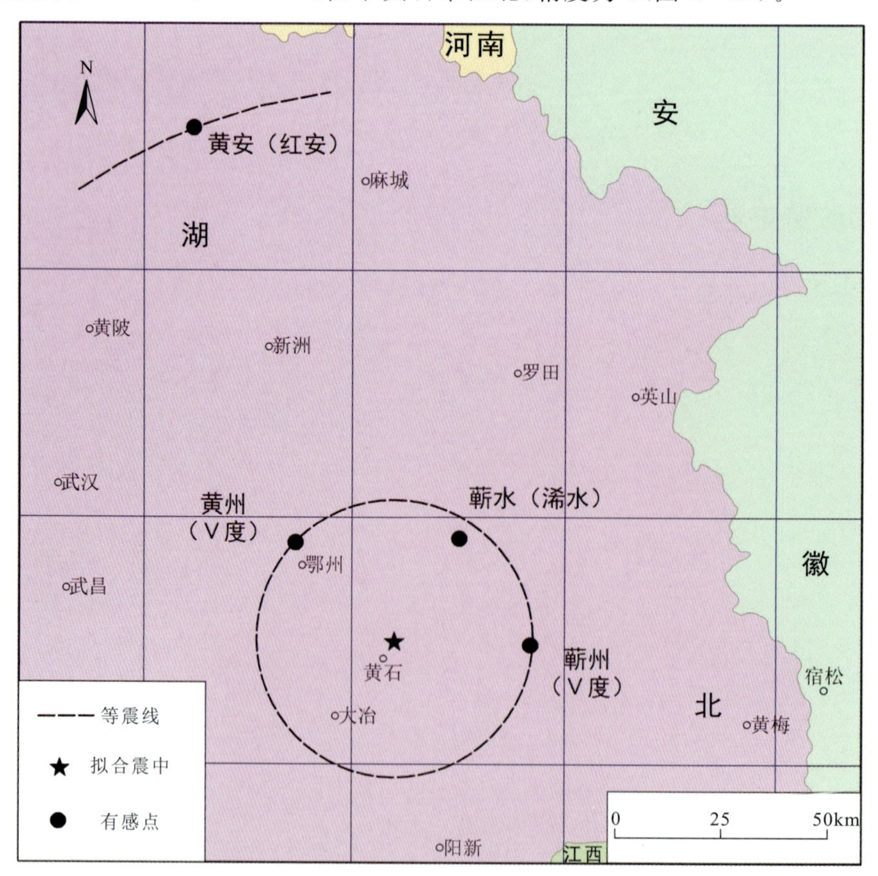

图 2－12　1635 年冬黄州—蕲州间 $M4\frac{3}{4}$ 级地震

第十三节 1663年3月4日湖北钟祥 $M5\frac{1}{2}$ 级地震

一、地震史料

清康熙二年正月二十五日 公元1663年3月4日(熊继平,1986)

钟祥

〔康熙二年正月二十五日〕夜,地大震,次日五震。二月初四日卯时连震,五月大旱。

康熙《钟祥县志·祥异》卷十 康熙五年刻本

〔康熙二年正月二十五日〕夜,钟祥地大震。二月初四日卯时连震,五月二十九日夜复震,是月大旱。

康熙《安陆府志·郡纪》卷一 康熙六年刻本

〔按〕:康熙《湖广通志》作二年正月二十五日夜,钟祥地大震,二月至五月复震,咸宁地震有声,嘉庆《湖北通志》作二年春钟祥地屡震,有声如雷,五月钟祥、安陆地震。宣统《湖北通志》作二年正月,咸宁、钟祥、安陆地震,有声如雷。

清康熙二年五月二十一日 公元1663年6月26日(熊继平,1986)

咸宁

〔康熙二年五月二十一日〕地震,自东徂西,有声。

康熙《咸宁县志·灾异》卷六 康熙四年刻本

安陆

〔康熙二年五月二十一日〕地震,自东徂西,有声。

康熙《德安安陆郡县志·灾祥》卷八 康熙五年刻本

应城

〔康熙二年五月二十一日〕地震。

康熙《应城县志·灾祥》卷三 康熙十年刻本

二、续考

(1)清康熙二年(1663年)钟祥地震表现突出,记有正月二十五日地大震,二月初四卯时连震,五月二十九日夜复震;虽然在地域、时间上密切关联的咸宁、安陆、应城仅有五月二十一日地震有感记载,但宣统《湖北通志》作"二年正月咸宁、钟祥、安陆地震,有声如雷",作为一次地震记事处理。因此,钟祥地震应视为主震-余震型地震序列,主震为正月二十五日地大震,推断咸宁、安陆、应城曾多次有感而误记具体时间。

(2)清朝时期钟祥县属安陆府辖治。钟祥感受整个地震序列,因此震中应邻近钟祥县城关。

(3)区域内无其他中等地震记载,远场无大震记载。

三、处理结果

(1)钟祥至咸宁220km,为长轴方向;应城、安陆偏于东北方向,距钟祥分别为100km和105km,为短轴方向。取钟祥县城地震烈度为Ⅴ度,应城、安陆、咸宁为Ⅳ度。

(2)取钟祥南东20km岗地处为拟合震中,满足钟祥记载的地震序列特征和Ⅴ度有感,则震中至咸宁200km,Ⅳ度有感,满足$M5\frac{1}{2}$级地震衰减关系,同时也满足在短轴方向上安陆、应城Ⅳ度有感。

(3)建议将康熙二年钟祥地震主震时间定为1663年3月4日,震级$M5\frac{1}{2}$,拟合震中地理坐标为N31.05°、E112.73°,精度为3,震中位于钟祥汉水东侧长滩镇附近(图2-13)。

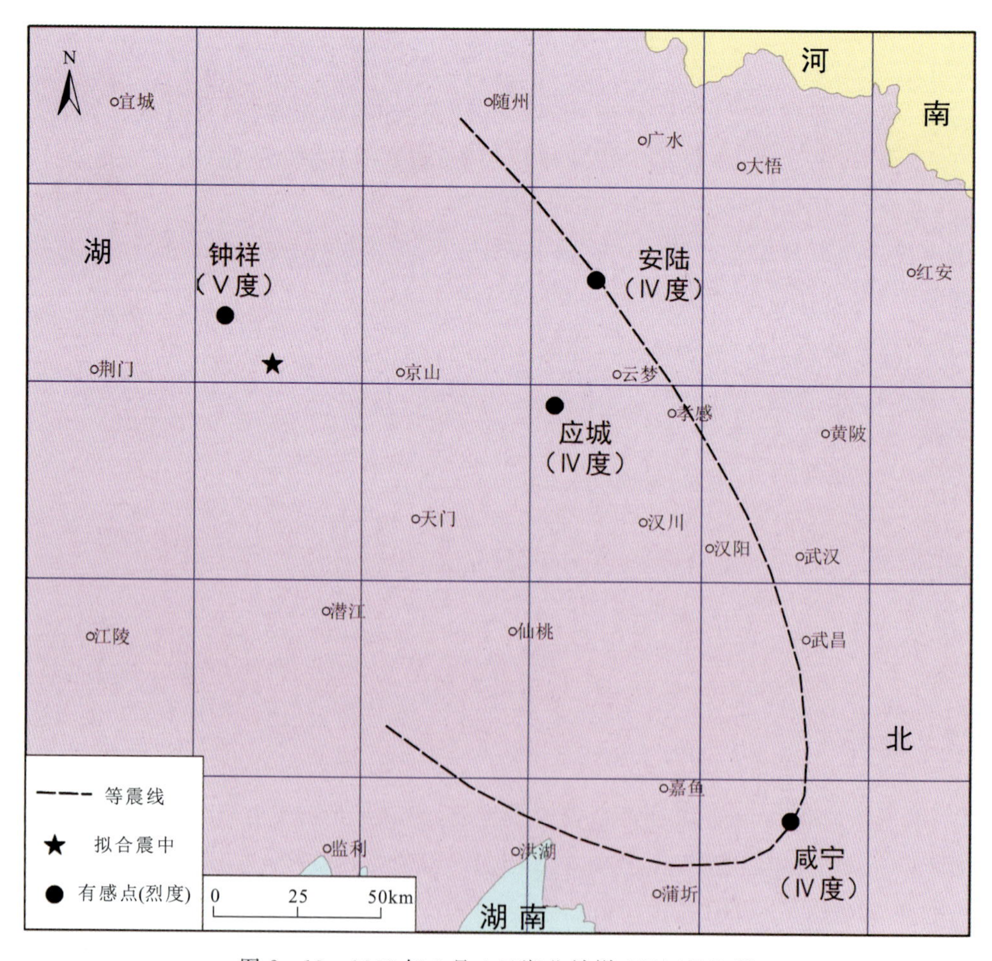

图2-13　1663年3月4日湖北钟祥$M5\frac{1}{2}$级地震

第十四节 1700年5月4日湖北蕲州—江西瑞昌间 $M4\frac{3}{4}$ 级地震

一、地震史料

清康熙三十九年三月十六日 公元1700年5月4日(熊继平,1986)

黄州府(治黄冈)

〔康熙三十九年三月十六日〕地震。

乾隆《黄州府志·祥异》卷二十 乾隆十四年刻本

蕲水(今浠水)

〔康熙三十九年三月十六日〕地震。

乾隆《蕲水县志·祥异》卷末 乾隆二十三年钞本

蕲州(今蕲州镇)

〔康熙三十九年三月十六日〕黄冈、广济、蕲州地震。

宣统《湖北通志·祥异》卷七十六 民国十年铅印本

广济(今广济北梅川)

〔康熙三十九年三月〕自东而西,地微震。

乾隆《广济县志·祥异》卷二十二 乾隆十七年刻本

江西瑞昌(谢毓寿和蔡美彪,1983—1987年)

〔康熙庚辰年三月十六日辰时〕地震,四月初一亥时复地震有声。

(清)郝之芳、万完思《瑞昌县志》卷一 雍正四年刊本

二、续考

(1)康熙三十九年三月十六日地震有感点涉及湖北省黄州、蕲水(今浠水)、广济(今武穴北梅川)、蕲州和江西省邻县瑞昌,并且瑞昌感受到四月初一亥时复地震有声,拟为余震。

(2)区域无其他中等地震记载,远场无大震记载。

三、处理结果

(1)瑞昌至黄州116km,为长轴方向;蕲水、广济、蕲州偏于北东侧,与瑞昌距离分别为100km、54km和54km。各有感点地震烈度为Ⅳ度。

（2）瑞昌感受一次余震，判定其较为靠近震中，取瑞昌西北长轴方向30km处阳新富池口为拟合震中，则满足瑞昌、蕲州地震烈度小于Ⅴ度，黄州、广济、浠水为Ⅳ度，相应最大震中距黄州86km，满足一次$M4\frac{3}{4}$级地震衰减关系。

（3）建议将康熙三十九年三月十六日（1700年5月4日）黄州府地震震级确定为$M4\frac{3}{4}$级，拟合震中地理坐标为N29.85°、E115.43°，震中位于阳新东，精度为3（图2-14）。

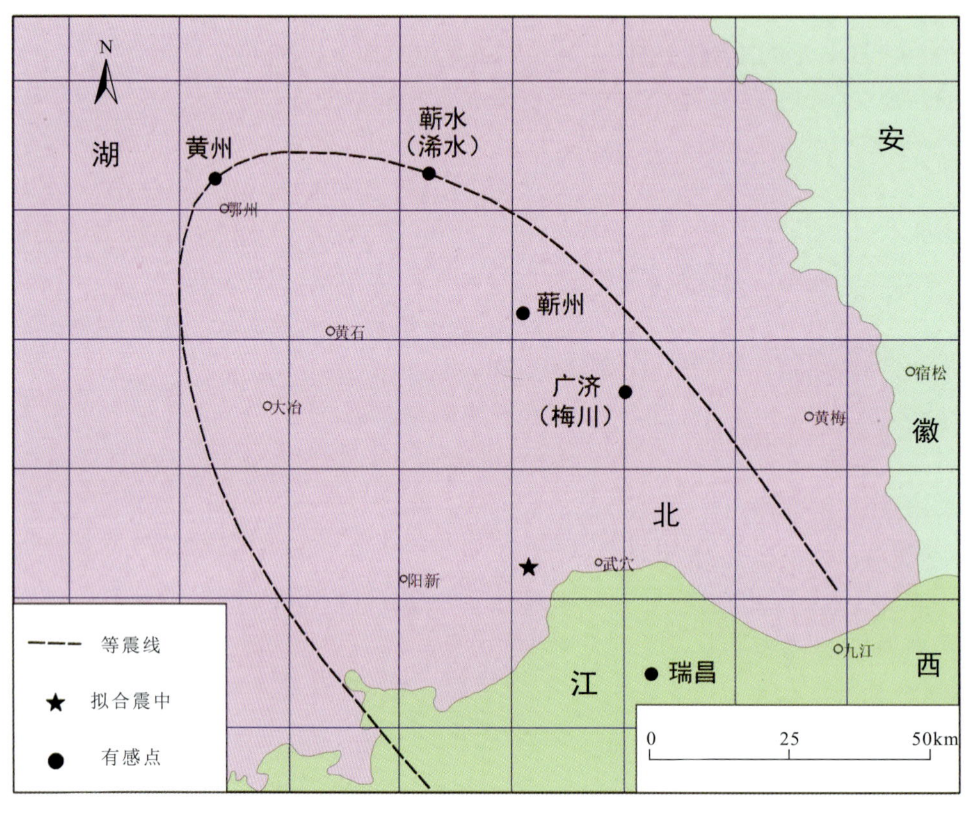

图2-14　1700年5月4日湖北蕲州—江西瑞昌间$M4\frac{3}{4}$级地震

第十五节　1841年6月17日湖北阳新东$M4\frac{3}{4}$级地震

一、地震史料

清道光二十一年四月二十八日　　公元1841年6月17日（谢毓寿和蔡美彪，1983—

1987年)

江西瑞昌

〔道光二十一年四月二十五日未时〕有声自西来,地动以倾。

《瑞昌县志》卷一 同治十年刊本

江西武宁、瑞昌、湖北兴国(阳新)

〔道光二十一年辛丑、四月二十八日〕地震,兴国、瑞昌同。

《武宁县志》卷二七 道光二十八年刊本

清道光二十一年四月 公元1841年5月21—6月18日(熊继平,1986)

广济(今梅川)

〔道光二十一年四月〕地震。

同治《广济县志·祥异》卷十六 同治十一年活字本

二、续考

(1)清道光二十一年四月,江西武宁、瑞昌,湖北广济(今梅川)、兴国(今阳新)地震有感,并且瑞昌较靠近西侧震中,记“有声自西来,地动以倾”。

(2)发震时间以最早的《武宁县志》道光二十八年刊本为依据,应为四月二十八日。较晚的同治十年刊本《瑞昌县志》记述有日期差错。

(3)区域内无其他中等地震记载,远场无大震记载。

三、处理结果

(1)武宁、广济(今梅川)Ⅳ度有感,相距110km,为已知北北东长轴方向;兴国(今阳新)、瑞昌地震相同,地动以倾,Ⅴ度有感,相距46km,为短轴方向。长轴居中点拟合震中为鄂赣边境湖北一侧阳新枫林镇南西湖海。

(2)纵向半长仅55km,略小于$M4\frac{3}{4}$级地震最小有感范围65km;但在短轴方向尚能满足Ⅴ度有感。应当指出:在长轴方向上,广济(梅川)以北为人烟稀少的大别山,武宁以南也为人迹罕至的九岭山区,缺乏记载地震有感的县镇。因此,在这种情况下,应着重顾及鄂赣毗邻四县广泛有感的事实,确定其震级为$M4\frac{3}{4}$级,拟合震中地理坐标为N29.70°、E115.35°,精度为3,震中位于阳新枫林镇南西,发震时间为1841年6月17日(图2-15)。

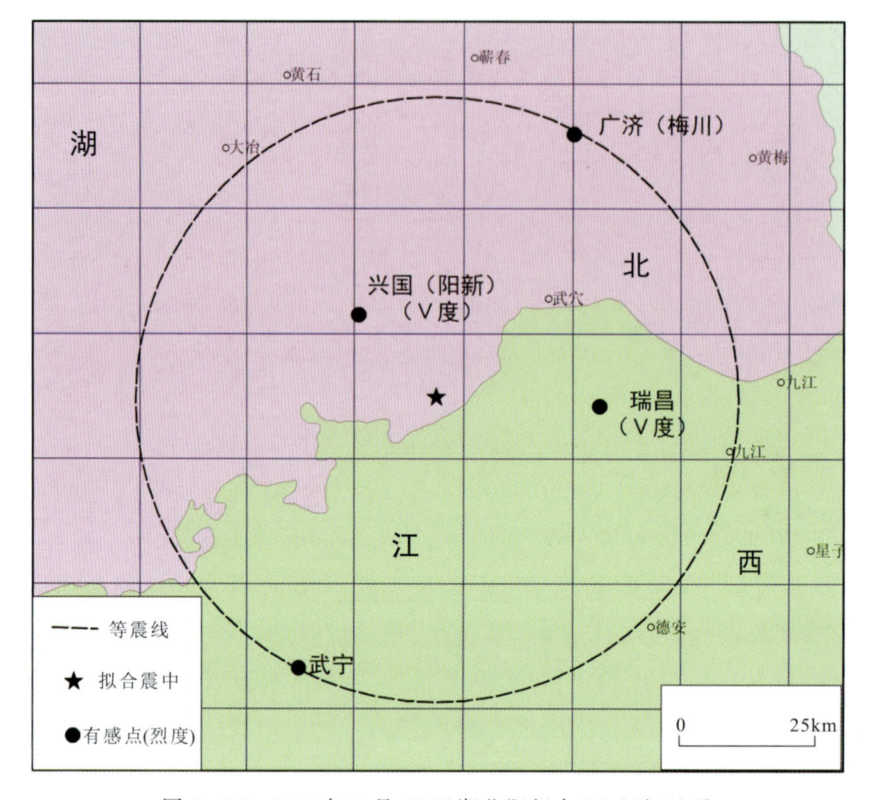

图 2－15　1841 年 6 月 17 日湖北阳新东 $M4\frac{3}{4}$ 级地震

第十六节　1885 年 11 月 3 日湖北通山 M5 级地震

一、地震史料

清光绪十一年九月十六日申刻　　公元 1885 年 10 月 23 日 16 时

通山

〔光绪十一年九月十六日申刻〕地震，墙壁摇撼，鸡犬乱鸣，老年人有眩晕者，约四刻乃定。

光绪《通山县志·祥异》卷上　光绪二十三年刻本

清光绪十一年九月二十六日　　公元 1885 年 11 月 2 日

沔阳州（治沔阳）

〔光绪十一年九月二十六日〕地微动。

光绪《沔阳州志·祥异》卷一　光绪二十年刻本

清光绪十一年九月二十七日　　公元1885年11月3日

湖南巴陵（今岳阳市）

〔光绪十一年九月二十七日〕地震。

（清）姚诗德、杜贵墀《巴陵县志》卷五一　光绪二十六年补刊本

清光绪十一年九月二十七日　　公元1885年11月3日

武昌县（今鄂城）

〔光绪十一年九月二十七日〕地震。

光绪《武昌县志·祥异》卷十　光绪十一年刻本

江夏（今武昌）

（鄂垣地震）鄂省于前月二十七日下午约近五点钟时，居人忽觉晕然，俄倾即止，似头昏目眩之势，初亦不觉为地动，未便骤告于人。近日街市诸人说及，其日实为地动，众口佥同，因录之以志异。

《申报》（上海）　光绪十一年十月初九日

二、续考

（1）清光绪十一年九月地震，通山、岳阳、武昌县（今鄂州）、江夏（今武昌）有感；以通山震感突出，为"墙壁摇撼、鸡犬乱鸣、老年人有眩晕者，约四刻用定"；而沔阳州仅"地微动"。

（2）地震时间应为《申报》和《武昌县志》所述九月二十七日下午申刻（约5时），通山所记时刻相同，但日期有误，沔阳州所记亦差一日。它们所记应视为同一地震。

（3）区域内无其他中等地震记载，远场无大震记载。

三、处理结果

（1）通山震感突出，地震烈度为Ⅴ度强，巴陵（今岳阳）、江夏（今武昌）、武昌县（今鄂州）为Ⅳ度有感，沔阳州地微动，为Ⅲ度有感，显示震中偏于通山附近。

（2）以鄂州、江夏、岳阳同日三地有感点共圆，求圆心震中，恰位于通山以西楠林桥南西侧路港附近。拟合震中距通山26km，有感圆半径为114km，按华北地震烈度平均轴半径衰减关系计算，震级为M5.3级。

（3）建议将清光绪十一年通山地震震级确定为M5.0级，发震时间为1885年11月3日，拟合震中地理坐标为N29.54°、E114.27°，震中位于通山楠林桥南西，精度为3（图2－16）。

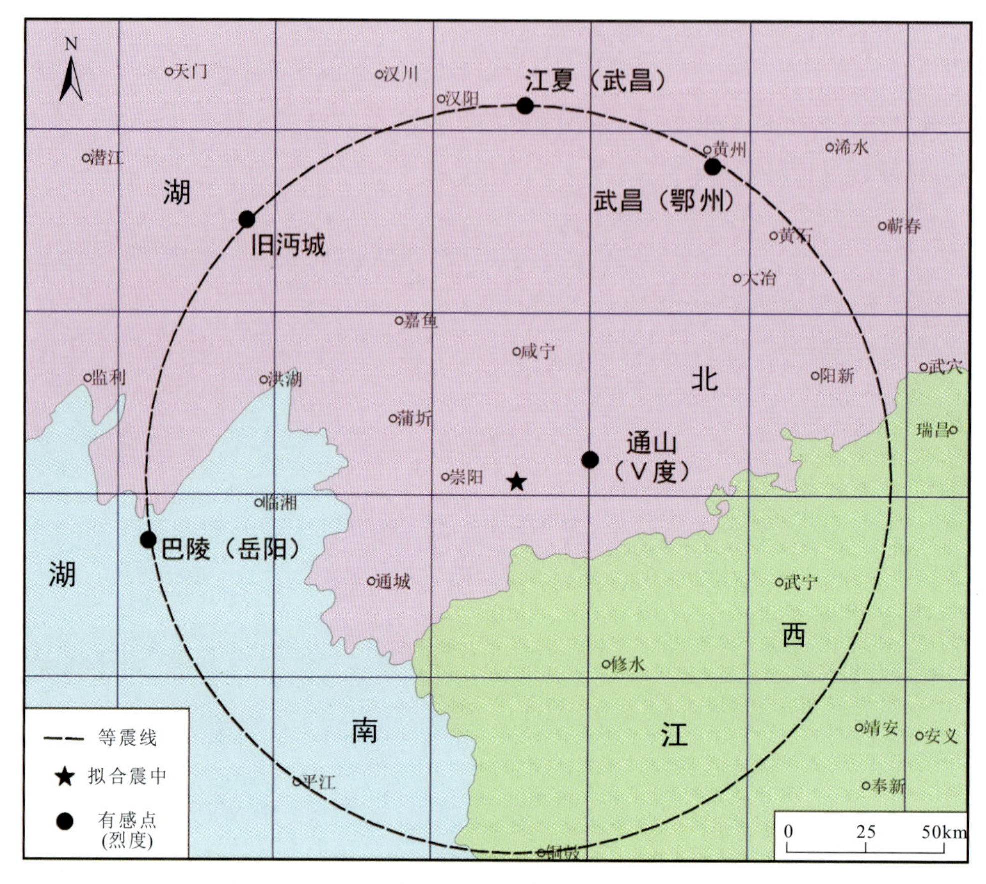

图 2-16 1885 年 11 月 3 日湖北通山 $M5.0$ 级地震

第三章

重要地震续考

第一节　公元前 143 年 6 月 7 日上庸地震续考

依据前人对公元前 143 年上庸地震的考证和地震史料的重新解读，经综合分析认为：公元前 143 年 6 月 7 日上庸地震具有双主震，震级为 $M6.0 \sim 6\frac{1}{4}$，呈现丰富余震序列，推测震中略偏于上庸县城（今竹山田家坝）东侧近邻处。

一、前言

汉景帝后元年五月丙戌（公元前 143 年 6 月 7 日）上庸（今竹山田家坝）地震，这是湖北省记述最早的地震。重新解读史料，合理地评估其震级和相关地震活动特征，有助于对北西向安康-房县断裂构造带活动性的认知。

二、地震史料

1.《中国地震历史资料汇编（第一卷）》（谢毓寿等，1983）节述

汉景帝后元年五月丙戌（初九）　　公元前 143 年 6 月 7 日（公元前 143 年 6 月 10 日）
上庸（今湖北竹山西南）

〔后元年五月丙戌〕地动，其早食时复动。上庸地动二十二日，坏城垣。

《史记》卷十一《景帝纪》。

《史记・汉兴以来将相名臣年表》、《汉书・景帝纪》、（汉）荀悦《前汉纪・景帝纪》

〔后元年五月丙戌〕，地大动，铃铃然，民大疫死，棺贵，至秋止。

《汉书》卷二六《天文志》

〔按〕:丙戌地动,地点不能确指。

2. 湖北地震史料汇考(熊继平,1986)节述

汉景帝后元年五月初九日　　公元前143年6月10日(儒略历)

上庸(治所在今竹山县西南)

〔后元年五月丙戌〕地动,其蚤食时复动。上庸地动二十二日,坏城垣。

《史记·景帝纪》卷十一

〔按〕:《史记·汉兴以来将相名臣年表》和《汉书·景帝纪》作:"后元年五月丙戌,地动",未言具体地点,是泛记京师(长安)地震。《史记·景帝纪》明确记载上庸地动二十二日,坏城垣。可见这次地震震中在上庸,波及京师长安。上庸,古县名,本庸国,春秋楚置县。秦属汉中郡。西汉为汉中郡之上庸县及武陵县(今竹溪县)东界地。上庸县故址,据《辞海·历史地理》注,在今湖北竹山县西南。1975年中华地图学社《中国历史地图集》归化在竹山县西南田家坝。

李善邦《中国地震目录》作:"前143年6月(汉景帝后元年五月丙戌)在竹山(北纬32.2°、东经110.2°)发生5级地震,震中烈度六度。极震区:上庸、坏城垣。连震二十二日。注:今竹溪、竹山均为秦汉时上庸县地。上庸故城在今竹山县东四十里。"据上文,上庸故城如在今竹山县东四十里,则已超出了上庸县(今竹山县)境而进入了房陵县(今房县)地。据考订,改为竹山县西南田家坝(北纬32°12′、东经110°9′)。

嘉庆《郧阳府志》误作:"汉文帝后元五年五月上庸地震二十五日城坏(旧志)。"嘉庆《郧阳补志》《竹山县志》,道光《竹溪县志》,同治《郧阳志》《郧阳府志》《竹溪县志》《竹山县志》沿误。中央地震工作小组办公室《中国地震目录》据此误作:"前159年6月(汉文帝后元五年五月)在竹山(北纬32.2°、东经110.4°)发生5级地震,震中烈度六度。地震情况:上庸地震五日,城坏。注:上庸故城在今竹山县东四十里。"

乾隆《竹山县志》误作:"汉景帝三年上庸地震,城垣坏。"嘉庆《竹山县志》《郧阳志补》,道光《竹溪县志》,同治《郧阳志》《郧阳府志》《竹溪县志》《竹山县志》沿误。中央地震工作小组办公室《中国地震目录》据此误作:"前154.——《汉景帝三年》在竹山(北纬32.2°、东经110.4°)发生5级地震,震中烈度六度。地震情况:上庸地震,城垣坏。"

三、综合分析

1. 行政设置

西汉时期,益州刺史部北部的汉中郡治所西城(今安康),辖现汉中市和十堰市大部(图3-1),其东半区仅设置旬阳、武陵(今竹山溢水)、上庸(今竹山县西南田家坝)、房陵(房县)、钖县(白河)、长利(今郧西南)诸县,均分布于汉水及主要支流旁。除汉中盆地、月河盆地、房县盆地为农耕发达区外,其余为低中山、低山、丘陵非农耕发达区。上庸、武

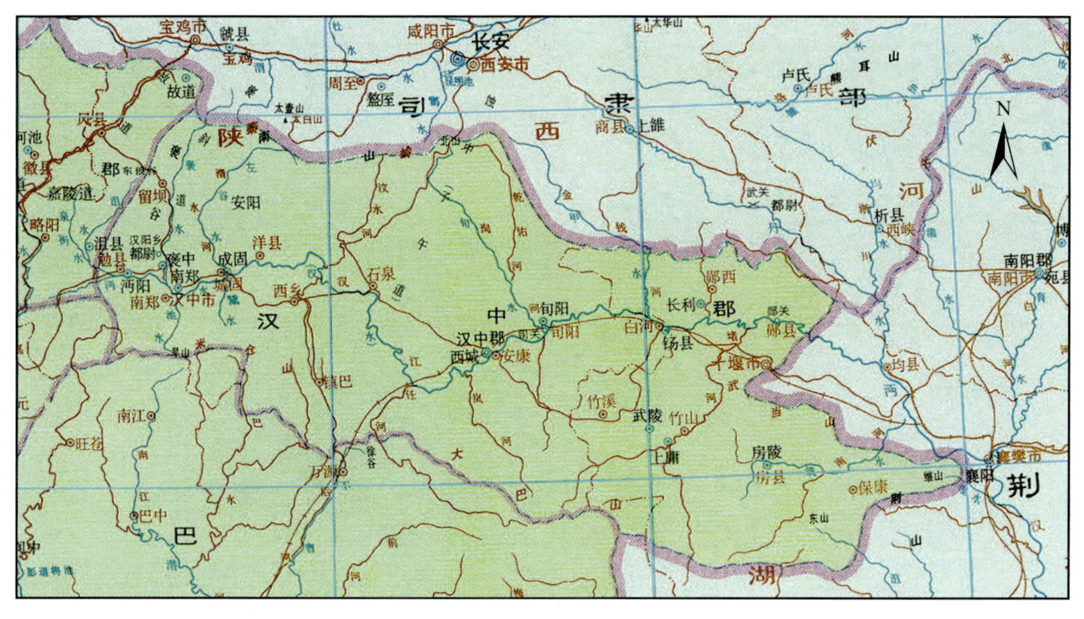

图 3－1　西汉汉中郡行政设置

陵均在山间坪坝设立县城，农耕人口较少。

2. 地震构造环境

上庸地震发生于北西向石泉－安康－房县断裂构造带内（刘锁旺等，1992），全长约300km，西端段为新生代月河拉分盆地（120km），东端段为新生代房县拉分盆地（30km），中间段为左旋逆平移断裂构造带，间夹串珠状洼地，第四纪明显活动。历史地震沿带分布。

3. 地震分析

自古历代王朝皇帝均认为地震乃江山社稷动摇，天怨人怒，或自责修政，或借机屠杀朝中敌对势力。前述地震史料其一为汉朝司马迁编修的《史记》，其二为东汉班固编修的《汉书》。司马迁因受李陵事件牵连而受宫刑，痛不欲生中立志修《史记》，但也要避讳。凡京都长安地震均不直书长安；受外围地震影响亦不直书长安，但下文则指明地震地点和简要震情震害。班固修《汉书》亦仿效。因此《史记》记述“（汉景帝）后元年五月丙戌，地动，其早食时复动”是指京都长安五月初九二次受地震影响有感；“上庸地动二十二日，坏城垣”则说明地震位于汉中郡上庸县；而且《史记》原文紧接着为“七月乙巳日食”，表明长安地震有感与上庸地动二十二日紧密关联。显然，前后两句逻辑清晰，因果关系明确，并非地点不能确指。《汉书》从《史记》记述《景帝纪》有关地震条目；但《汉书》《天文志》则大有不同，有“丙戌，地大动，铃铃然。民大疫死、棺贵，至秋止。”然而，这仍是指京都长安。上庸县城位于堵河与苦桃河交汇处，属弹丸山间小城，周围丛山峻岭盛产木材，没有“棺贵”之虑；而长安则不同，处于渭河平原农耕发达区，有“棺贵”之忧。因此，此条目不可解读为上庸地震破坏伴生瘟疫。

依传统风俗二餐度日，早（蚤）食时即为现今上午9—10时，那么上庸地震时京都长安有感的二次主要地震应发生于五月初九天亮以后至上午10时这一时段。“上庸地动二十二日，坏城垣”表明该地震具有丰富的余震序列，主要地震对上庸城的影响烈度可达Ⅵ～Ⅶ度。此外，上庸地震与长安Ⅳ度有震感的震中距约280km。《汉书》《天文志》称“地大动”应为将二次京都地震有感合并言之，其“铃铃然”则指房屋、家具、器皿地震时振动有声。因此，不宜将“地大动”考虑取Ⅴ度有感。

上庸地震两次主要地震的震级估算如下述。

依据公式（汪素云等，1993）

$$\lg R = A + BM \tag{3-1}$$

式中：$A = 0.826 \pm 0.091$；$B = 0.261 \pm 0.015$；方差 $\sigma = 0.136$。

求得 $M=6.151$。

依据华北地震烈度平均轴衰减关系估算（汪素云等，1993）

$$\bar{I} = 3.528 + 1.333M - 1.381\ln(R+6) \tag{3-2}$$

方差：$\sigma = 0.467$

求得 $M=6.177$。

依据震级与有感范围量规函数关系估算（严尊国和薛军蓉，1989）

$$M_S = 1.80R(\Delta) - 0.96 \tag{3-3}$$

式中：$R(\Delta) = 2.374 + 0.100\sqrt{\Delta}$。

方差 $\sigma = 0.16$

求得 $M_S = 6.271$。

据此，综合评估上庸地震的两次主要地震的震级为 $M6.0 \sim 6\frac{1}{4}$。显然，这次地震发生于上庸县境，但上庸县城仅遭轻破坏，故上庸县城仅邻近 $M6.0 \sim 6\frac{1}{4}$ 级地震的极震区。由于上庸县城西北15km即为无地震破坏的武陵县城，因此，其震中位于上庸县城东侧（或东北侧）近邻处的可能性较大。图3-2为上庸地震最大主震的理论拟合等震线图。

四、结语

公元前143年6月7日上庸地震自李善邦（1960）始确定为5级地震已有47年，皆以“坏城垣”轻破坏Ⅵ度为依据。经重新解读地震史料，综合分析认为：上庸地震具有双主震，震级为 $M6.0 \sim 6\frac{1}{4}$，具有丰富的余震序列，实际震中略向上庸城东侧偏移15～20km为宜，大致位于北西向安康-房县主断裂带中，拟合震中地理坐标为N32°12′、E110°18′。

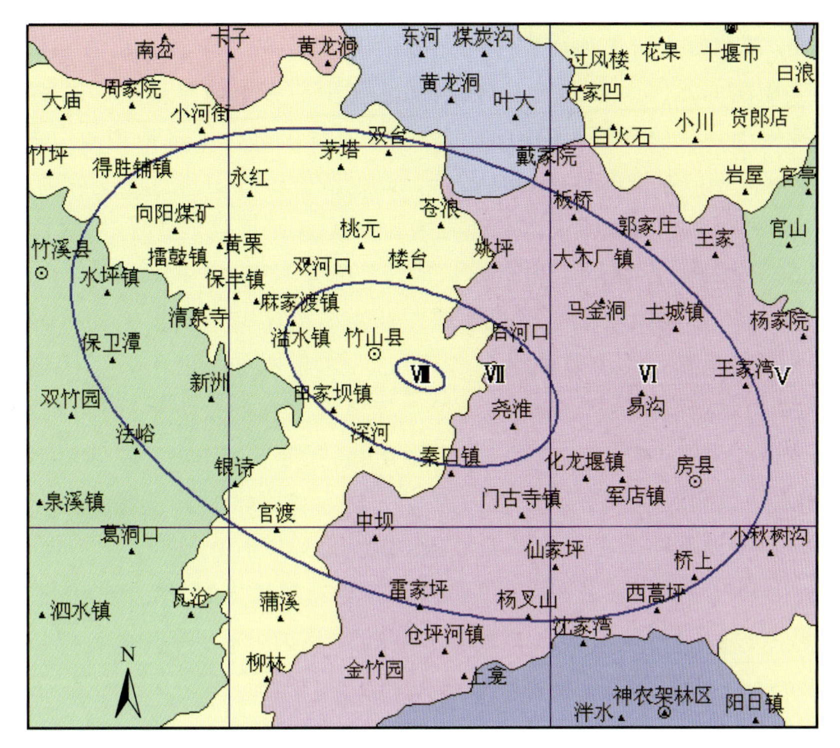

图 3-2 公元前 143 年上庸 $M6\frac{1}{4}$ 级地震理论拟合等震线

第二节 788 年 2 月 16 日金、房州地震续考

通过续考 788 年金、房州地震发现，京师长安 23 次地震有感显示了该地震具有 $M\geqslant5$ 级的强余震群序列，这与原定 $6\frac{1}{2}$ 级中等主震是不相容的。依据史料重新解读，并结合唐德宗年代封建社会政治状况、农业经济地理特点等，应用历史地震与现代地震分析方法，综合判定这是一次大震事件，788 年 2 月 16 日主震震级为 $7\frac{1}{2}$ 级，其丰富的强余震群分布于北西向房县-安康地震构造带中。

一、前言

熊继平(1986)曾对唐德宗贞元四年(788 年)金、房州地震进行了考证，按语如是说。李善邦《中国地震目录》、中央地震工作小组办公室《中国地震目录》作："788 年 3 月 8 日(唐贞元四年正月二十六日)在陕西安康东南(北纬 32.5°、东经 109.2°)发生 $6\frac{1}{2}$ 级地震，震中烈度八度。地震情况：金(治安康)、房(治房县)二州屋宇多坏，人皆露处，山裂江溢。长安(今西安)亦震。相距 200 公里。注：金、房二州无单独记载，极震区可能在二州交界地带。金州之平利以东即属房州，疑震中较近安康。"据上文地震情况，二州屋宇多坏，已注明其州治所在地安康、房县。按史书记史的常例，也应当是指安康、房县。安康、房县相距约 170km，按照确定历史地震震中的一般准则，凡记载两个以上震害相同的地震者，宏观震中取其距离的几何中心。安康、房县的几何中心在竹山县境。1981 年丁忠考、刘锁旺对房县至安康一带的北西西向构造带地震地质情况进行了实地考察。考察后认为：这次地震的宏观震中似在竹山县西北擂鼓台。此地段位于竹山与竹溪交界的宝丰盆地西北之安康-房县断裂带上，是新生代以来地壳抬升较剧、夷平面强烈变形(拱曲轴部)的地区。为此，这次地震震中暂定竹山县西北擂鼓台，地理坐标为 N32°23′、E109°52′。

依据这一考证，中国地震学会历史地震专业委员会认可 788 年 6½ 级地震震中位置从陕西安康平利移至湖北竹山擂鼓台。然而，这一考证有如下几个方面未能深入展开：其一，京师长安距竹山擂鼓台 240km，6½ 级中等地震主震的余震序列何以致京师 23 次有感？其二，“……又震，时金、房州尤甚，江溢山裂，屋宇多坏，人皆露处”何以仅解读为陕西、湖北相邻地段非农耕发达山区竹山宝丰一带为震灾区？其三，唐德宗何以因此而自责“当修政，以答天谴耳”，并采取 5 项稳定政局、发展农业生产的措施？难道仅因为崇山峻岭中的一次 6½ 级中等地震？鉴于此，有必要重新解读史料，结合唐朝的封建社会政治状况、农业经济地理特点，依据历史地震和现代地震的分析方法，综合评估 788 年金、房州地震。

二、地震史料

788 年金、房州地震史料节选自《中国地震历史资料汇编》(第一卷)(谢毓寿等，1983)和《湖北地震史料汇考》(熊继平，1986)，现陈述如下。

唐德宗贞元四年正月庚戌朔　　公元 788 年 2 月 16 日(788 年 2 月 12 日，儒略日，下同)

京师(长安，今西安市)

〔贞元〕四年正月朔日，德宗御含元殿受朝贺。是日质明，殿阶及栏槛三十余间，无故自坏，甲士死者十余人。其夜，京师地震。〈二日又震，三日又震，十八日又震，十九日又震，二十日又震。帝谓宰臣曰“盖朕寡德，屡致后土震惊，但当修政，以答天谴耳。”二十三日又震，二十四日又震，二十五日又震，时金、房州尤甚，江溢山裂，屋宇多坏，人皆露处。〉

《旧唐书》卷三〇《五行志》

〔贞元四年正月庚戌朔〕是日质明，含元殿前阶基栏槛坏损三十余间，压死卫士十余人。京师地震，〈辛亥(初二)又震，壬子(初三)又震。……丁卯(十八日)，京师地震，戊辰(十九日)又震，庚午(二十一日)又震。……癸酉(二十四日)，京师地震。……乙亥(二十六日)，地震，金房尤甚，江溢山裂，庐舍多坏，居人露处。陈留雨木如大指，长寸余，有孔通中，下而植于地，凡十里许。〉

《旧唐书》卷一三《德宗纪》

〔贞元四年正月庚戌朔夜〕京师地震；〈辛亥(初二日)、壬子(初三日)、丁卯(十八日)、戊辰(十九日)、庚午(二十一日)、癸酉(二十四日)、甲戌(二十五日)、乙亥(二十六日)皆

震，金、房二州尤甚，江溢山裂，屋宇多坏，人皆露处。〉

《新唐书》卷三五《五行志》

〔贞元四年正月庚戌朔〕京师地震。大赦，刺史予一子官，增户垦田者加阶，县令减选，九品以上官言事。〈……是月，金、房二州皆地震，江溢山裂。〉

《新唐书》卷七《德宗纪》

唐德宗贞元四年正月辛亥(初二日)　　公元788年2月17日(788年2月13日)

京师(长安，今西安市)

〔贞元四年正月辛亥〕(京师)又震。

《旧唐书》卷一三《德宗纪》

《旧唐书·五行志》《新唐书·五行志》

唐德宗贞元四年正月壬子(初三日)　　公元788年2月18日(788年2月14日)

京师(长安，今西安市)

〔贞元四年正月壬子〕(京师)又震。

《旧唐书》卷一三《德宗纪》

《旧唐书·五行志》《新唐书·五行志》

唐德宗贞元四年正月丁卯(十八日)　　公元788年3月4日(788年2月29日)

京师(长安，今西安市)

〔贞元四年正月丁卯〕(京师)又震。

《旧唐书》卷一三《德宗纪》

《旧唐书·五行志》《新唐书·五行志》

唐德宗贞元四年正月戊辰(十九日)　　公元788年3月5日(788年3月1日)

京师(长安，今西安市)

〔贞元四年正月戊辰〕(京师)又震。

《旧唐书》卷一三《德宗纪》

《旧唐书·五行志》《新唐书·五行志》

唐德宗贞元四年正月二十日　　公元788年3月6日(788年3月2日)

京师(长安，今西安市)

〔贞元四年正月二十日〕(京师)又震。帝谓宰臣曰"盖朕寡德，屡致后土震惊，但当修改，以答天谴耳。"

《旧唐书》卷三〇《五行志》

唐德宗贞元四年正月庚午(二十一日)　　公元788年3月7日(788年3月3日)

京师(长安，今西安市)

〔贞元四年正月庚午〕(京师)又震。

《旧唐书》卷一三《德宗纪》

《新唐书·五行志》

唐德宗贞元四年正月二十三日　　公元788年3月9日(788年3月5日)

京师(长安,今西安市)

〔贞元四年正月二十三日〕(京师)又震。

《旧唐书》卷三〇《德宗纪》

唐德宗贞元四年正月癸酉(二十四日)　　公元788年3月10日(788年3月6日)

京师(长安,今西安市)

〔贞元四年正月癸酉〕(京师)又震。

《旧唐书》卷一三《德宗纪》
《旧唐书·五行志》《新唐书·五行志》

唐德宗贞元四年正月二十五日　　公元788年3月11日(788年3月7日)

京师(长安,今西安市)、**金州**(治西城,今陕西安康)、**房州**(治房陵,今湖北房县)

〔贞元四年正月二十五日〕(京师)又震,时金、房州尤甚,江溢山裂,屋宇多坏,人皆露处。

《旧唐书》卷三〇《德宗纪》

唐德宗贞元四年正月乙亥(二十六日)　　公元788年3月12日(788年3月8日)

京师(长安,今西安市)、**金州**(治西城,今陕西安康)、**房州**(治房陵,今湖北房县)

〔贞元四年正月乙亥〕(京师)又震,时金、房州尤甚,江溢山裂,屋宇多坏,人皆露处。陈留雨木如大指,长寸余,有孔通中,下而植于地,凡十里许。

《旧唐书》卷一三《德宗纪》
《新唐书·五行志》

唐德宗贞元四年正月　　公元788年2月16日—788年3月16日(788年2月12日—788年3月12日)

京师(长安,今西安市)、**金州**(治西城,今陕西安康)、**房州**(治房陵,今湖北房县)

〔贞元四年正月〕是月,金、房二州皆地震,江溢山裂。

《新唐书》卷七《德宗纪》

唐德宗贞元四年二月三日壬午(初三日)　　公元788年3月19日(788年3月15日)

京师(长安,今西安市)

〔贞元四年正月二月三日壬午〕(京师地)又震,〈甲申(五日)又震,乙酉(六日)又震,丙申(十七日)又震。〉

《旧唐书》卷三七《五行志》
《新唐书·五行志》

唐德宗贞元四年二月甲申(初五日)　　公元788年3月21日(788年3月17日)

京师(长安,今西安市)

〔贞元四年二月甲申〕(京师)又震。

《旧唐书》卷三七《五行志》
《新唐书·五行志》

唐德宗贞元四年二月乙酉(初六日) 公元788年3月22日(788年3月18日)

京师(长安,今西安市)

〔贞元四年二月乙酉〕(京师)又震。

《旧唐书》卷三七《五行志》

《新唐书·五行志》

唐德宗贞元四年二月丙申(十七日) 公元788年4月2日(788年3月29日)

京师(长安,今西安市)

〔贞元四年二月丙申〕(京师)又震。

《旧唐书》卷三七《五行志》

《新唐书·五行志》

唐德宗贞元四年三月甲寅(初六日) 公元788年4月20日(788年4月16日)

京师(长安,今西安市)

〔贞元四年甲寅〕(京师)又震,〈己未(十一日)又震,庚午(二十二日)又震,辛未(二十三日)又震。京师地生毛,或白或黄,有长尺余者。〉

《旧唐书》卷三七《五行志》

《新唐书·五行志》

唐德宗贞元四年三月己未(十一日) 公元788年4月25日(788年4月21日)

京师(长安,今西安市)

〔贞元四年三月己未〕(京师)又震。

《旧唐书》卷三七《五行志》

《新唐书·五行志》

唐德宗贞元四年三月庚午(二十二日) 公元788年5月6日(788年5月2日)

京师(长安,今西安市)

〔贞元四年三月庚午〕,(京师)又震。

《旧唐书》卷三七《五行志》

《新唐书·五行志》

唐德宗贞元四年三月辛未(二十三日) 公元788年5月7日(788年5月3日)

京师(长安,今西安市)

〔贞元四年二月辛未〕(京师)又震。京师地生毛,或白或黄,有长尺余者。

《旧唐书》卷三七《五行志》

《新唐书·五行志》

唐德宗贞元四年五月丙寅(十九日) 公元788年7月1日(788年6月27日)

京师(长安,今西安市)

〔贞元四年五月丙寅、丁卯〕皆震。

《新唐书》卷三五《五行志》

《旧唐书·五行志》

唐德宗贞元四年五月丁卯(二十日)　公元788年7月2日(788年6月28日)

京师(长安,今西安市)

〔贞元四年五月丁卯〕(京师)又震。

《新唐书》卷三七《五行志》

唐德宗贞元四年八月甲午(十九日)　公元788年9月27日(788年9月23日)

京师(长安,今西安市)

〔贞元四年八月甲午〕(京师地)又震,有声如雷;甲辰,又震。灞水暴溢,杀百余人。

《新唐书》卷三五《五行志》

〔贞元四年八月甲午〕京师地震,其声如雷。

《旧唐书》卷一三《德宗纪》

唐德宗贞元四年八月甲辰(二十九日)　公元788年10月7日(788年10月3日)

京师(长安,今西安市)

〔贞元四年八月甲辰〕(京师)又震,有声如雷。

《旧唐书》卷三七《五行志》

参见:《新唐书·五行志》

唐德宗贞元四年　公元788年

京师(长安,今西安市)

〔贞元四年〕是岁,京师地震二十。

《新唐书》卷七《德宗纪》

三、788年地震基本信息提取

1. 地震概要

据上述28条相关地震史料,可以归纳如下。

唐德宗贞元四年正月初一日(788年2月16日)至正月二十六日京师长安11次地震有感,即初一日、初二日、初三日、十八日、十九日、二十日、二十一日、二十三日、二十四日、二十五日、二十六日;时金、房州尤甚,江溢山裂,屋宇多坏,人皆露处(或庐舍多坏,居人露处,或是月,金、房二州皆地震)。

贞元四年二月京师长安4次地震有感,初三日、初五日、初六日、十七日。

贞元四年三月京师长安4次地震有感,初六日、十一日、二十二日、二十三日。

贞元四年五月京师长安2次地震有感,十九日、二十日。

贞元四年八月京师长安2次地震有感,十九日、二十九日。

京师长安共计地震有感23次,其间,除金州、房州地震外,区域范围内没有其他强震发生。

2. 行政设置简况

据《中国历史地图集》，唐朝时期京师为长安，经安史之乱以后，唐德宗已处在晚唐衰败时期。金州、房州属山南东道(图 3－3)。金州北与商州、京畿道相邻，房州北与均州相邻。

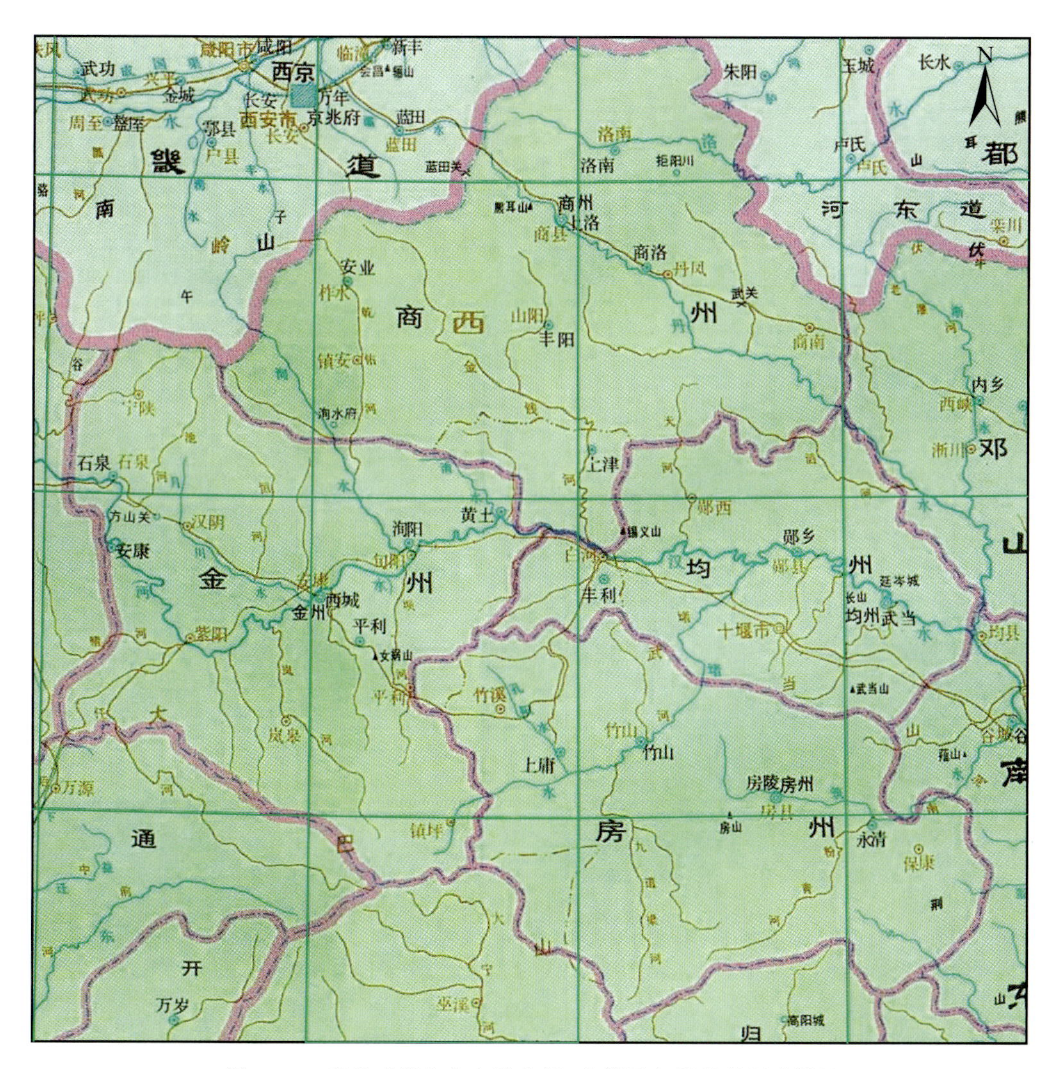

图 3－3　唐朝时期山南东道金州、房州及相邻州县行政设置

金州治所西城(今安康)，辖平利、旬阳、石泉、安康(今石泉南汉阳)黄土(今蜀河)五县。房州治所房陵(今房县)，辖竹山、上庸(今竹山田家坝)、永清(今保康寺坪)三县。

3. 震中距判定

依“金、房州尤甚”，确定：

长安→金州(今安康)　190km

长安→房陵(今房县)　320km

长安→竹山擂鼓台　240km——金州→房陵 180km；走向 155°；(金州→房陵)½中间点；位于竹山宝丰盆地(K_2)西端擂鼓台

4. 计算结果

经计算[(式 3－1)～式(3－3)]得出表 3－1 震级(*M*)估算值。

表 3－1　788 年金、房州地震各拟合震中控制点震级估算表

震中距(*R*)	Ⅳ度有感(长安)			Ⅲ度有感(长安)	Ⅴ度有感(长安)	Ⅵ度震害(长安)
	公式(3－1)*M*	公式(3－2)*M*	公式(3－3)*M*	公式(3－2) *M*	公式(3－2) *M*	公式(3－2) *M*
长安→房陵(320km)	6.434	6.349	6.533	5.599	7.100	7.850
长安→竹山擂鼓台(240km)	5.955	6.058	6.102	5.308	6.807	7.558
长安→金州(190km)	5.566	5.822	5.794	5.072	6.572	7.323

四、综合分析

1. 农耕经济概况

金州治所西城，即今安康市，位于安康月河盆地东端区，汉水穿城而过。盆地呈新月状，北西向展布，长约 120km，东宽约 20km，向西收敛至宽 2～3km，呈现河湖平原及低丘岗地组合地貌。月河盆地乃陕南重要农耕区，盛产稻麦和其他粮食作物，亦为粮仓。不言而喻，人口集中，金州及郊区尤为密集。

房州治所房陵，即今房县，位于房县盆地东端区，汉水支流马栏河从城区南缘东流。房县盆地呈向西歪斜的菱形状，南北宽约 10km，东西长约 30km，呈现宽谷平原及丘岗组合地貌，亦为鄂西北重要农耕区、粮仓，人口集中，城关及近郊农耕经济较发达。

房县盆地以西、金州月河盆地以东，金州、房州之间为低中山、低山丘陵组合地貌，其主要农耕地段分布于诸多河谷两岸和河流交汇的平坝地段，如竹山田家坝、溢水宝丰等坪坝，竹溪洼地、平利宽谷等，呈零星分布。农耕人口较少，为非农耕发达区。

南秦岭地区包括金州、房州，盛产木材。民居多以木屋架结构，或为木墙板，或垒石为墙体，屋顶覆瓦者少，大多覆以采集的芦草，农耕土地太少，不宜采用砖墙或土坯墙。

2. 地震地质条件

南秦岭北西向石泉-安康-房县地震构造带（刘锁旺等，1992）（图 3－4），自东而西发育串珠状盆地（洼地），即房县拉分断陷盆地（E＋N＋Q）、宝丰上冲蚀余盆地（K_2）、竹溪拉分洼地（E＋Q）和月河拉分断陷盆地（E＋N＋Q），全长约 300km。它构造成房县-城口弧形深大断裂带（青峰断裂带）北侧北大巴山加里东期褶断带的北缘深断裂构造边界，即具有弧后弦切作用，新近纪—第四纪明显活动。最新 SAR 图像显示房县盆地发育全新世晚期的地表地震断层（韩晓光等，2004），可见连续长度约 30km（图 3－5）。

3. 史料解读

《旧唐书》记述 788 年正月京师长安 11 次地震有感的同时，称地震“金、房州尤甚，江溢山裂，屋宇多坏（庐舍多坏），人皆露处（居人露处）”，表明金州西城、房州房陵治所城区及近郊农耕发达区震害尤甚，为两州府官员直接感受，并见知后于当月分别奏报朝廷。相反，如果按房陵、金州西城相距 180km 之中间点竹山宝丰盆地西端擂鼓台发生中等地震，则重灾区远远达不到金州西城和房陵，两地仅为明显有感，而且受到破坏的也仅有上庸、竹山县城部分地段，经济损失很小，不足以认知金州、房州尤甚。此外，唐德宗于正月二十日京师又震后（即第六次地震有感），谓宰臣曰：“盖朕寡德，屡致后土震惊，但当修政，以答天谴耳。”这并非虚言。唐德宗针对严重地震灾害，尚采取了 5 项措施，即“大赦，刺史予一子官，增户垦田者加阶，县令减选，九品以上官言事”。由此可以判定，这次地震灾害事态严重，影响了金州、房州农耕经济发达地区，而并非仅是金州、房州相邻地段非农耕经济发达的山区，以致唐德宗要采取修政稳定政局，大赦天下，广开言路，鼓励农耕等应对措施。

关于“屋宇多坏（庐舍多坏），人皆露处（居人露处）”的描述，皆因南秦岭盛产木材，民居多属木屋架结构，难于在地震中倾倒，常见歪斜，屋瓦下落或芦草房顶滑落，以及偏墙裂缝或倒塌，均属“多坏”，不宜居住或不能居住，加上连震不断，百姓惊惶，故迫不得已在正月过年时于萧杀寒冬、冰雪肆虐的日子里人皆露处（或居人露处），呈现遍野凄凉景象。

关于人员伤亡问题。唐德宗执政 35 年间（780—815 年），《旧唐书》在地震灾害中均不言人员伤亡。《旧唐书》成书于动荡的五代十国之后晋刘昫。无独有偶，“唐德宗贞元九年四月辛酉（793 年 5 月 31 日）京师又震，有声如雷，河中、关辅尤甚，坏城壁庐舍，地裂水涌”。这次地震确定为 6 级，发生于渭南以东农耕发达区，亦不记人员伤亡。因此可以判定，唐德宗年代的官档文献，即已隐去人员伤亡情况。后晋时修志亦无从可据。然而，《新唐书·德宗纪》中关于金州、房州地震尤甚的救灾措施有“增户垦田者加阶”，隐约透露出地震有严重伤亡，导致有田无人耕作，故而要“增户垦田”，即把土地提供给有多余劳

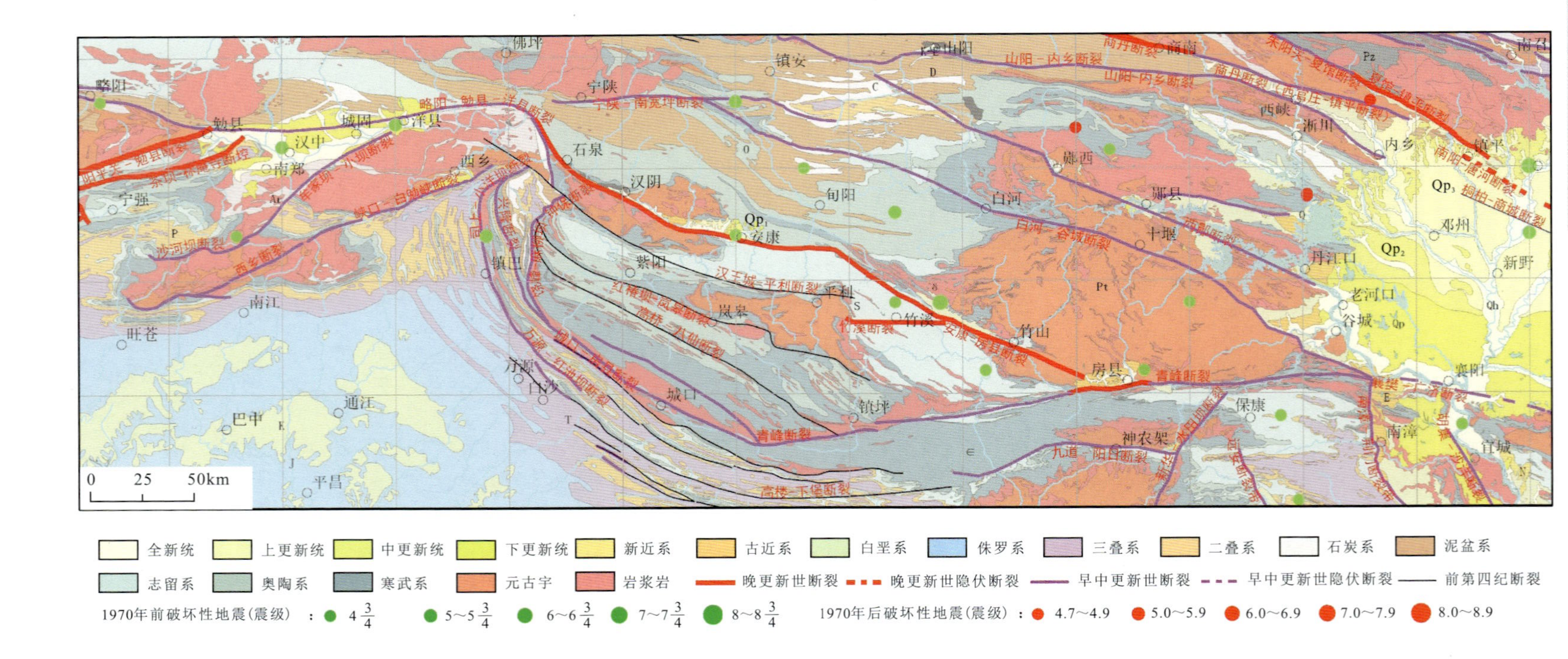

图 3-4　南秦岭造山带地质构造略图(据刘锁旺等,1992)

图 3-5 房县盆地全新世晚期地表地震断层 SAR 图像(据韩晓光等,2004)

力的农户,或从外地移民至震区。

关于"江溢山裂"问题。在金州、房州地震区内,汉水及其较大支流尚可称为"江",汉水亦称汉江,北东流向穿过金州西城(今安康);其二级支流渚水(渚河)北东向流经上庸、竹山两县,另一二级支流筑水(今称马栏河)西东向流过房陵城区。此外,788 年正月是寒冬枯水季节,非汉水主流和较大支流,则不可能在地震时"江溢",即水面强烈震荡、浪涌如潮,或伴有喷砂冒水。因此,这些部位均有可能是主震和强余震导致的江溢山裂的场所。

关于京师(长安)含元殿殿阶及栏槛破坏问题。《旧唐书·五行志》与《旧唐书·德宗纪》有明显差别,即《五行志》中依原始文档有"无故自坏""其夜京师地震",而《德宗纪》中没有"无故自坏"和"其夜"的描述。由此可见,《旧唐书》后晋编纂者刘昫是心存疑问的,是地震破坏?还是所谓"无故自坏"?虽后世难于考证,但"无故自坏"也是欺人之谈,总是有缘故的。因此修志者是有倾向的,在"是日质明,含元殿前阶基栏槛坏损三十余间,压死甲士十余人"后,直接书写"京师地震",意指是地震破坏,德宗大年初一"垮台",乃"天意"。考证唐朝含元殿位于西安古城东北火车站北侧。含元殿基础为夯土三层高台,殿前平台边汉白玉栏槛及基座条石呈榫楔粘连框架结构。贞元四年正月初一是春节第一天,德宗御含元殿受朝贺是在天刚亮质明之时。按照礼制,文武百官应在天亮之前到达含元殿前平台上。朝贺前等候时段依人们行为习惯站立部位多分散处于栏槛旁,而在德宗即将到来时，则按官阶大小排列于殿内，因此，天质明朝贺时殿阶及栏槛坏损倒塌压死甲士十余人，无官员伤亡，也表明不是文武百官太多压垮了殿前平台，尤其殿阶栏槛垮塌三十余间，总长度达60余米，并非无故，很可能是地震破坏，只不过在大吉时间含元殿前阶基、栏槛垮塌压死多人，实属"垮台"，不吉利，这是历朝历代皇帝所忌讳的，被认为是江山社稷不稳，导致无人敢公开言及此事为"天灾"，故推测原始文档避讳称为"无故自坏"，并非天谴，有做伪不实之嫌。因此，推定这是金州、房州地震的主震效应。京师长安局部构筑物坏损，影响烈度可评估为Ⅵ度。

4.788年地震判析

《旧唐书·五行志》和《旧唐书·德宗纪》中记载贞元四年正月京师地震，又震，共11次地震有感后，称"金房尤甚、江溢山裂、屋宇多坏、人皆露处(庐舍多坏、居人露处)"。这表明严重的地震灾害在正月初一至正月二十六日即已形成，并且唐德宗在正月二十日谓宰臣作自责后，采取了5项修政稳定政局、鼓励农耕的救灾减灾措施。

这次地震至少延续了8个月，使京师长安23次地震有感，即正月11次，二月4次，三月4次，五月、八月各2次，那么可以假定这23次均位于距长安190km的金州西城。历史地震通常以Ⅳ度有感作震级估算，则表明有23次5¾级地震发生在同一部位。同样，将震中假定为竹山擂鼓台，则有23次6.0级地震，而将震中假定为房陵，则有23次6½级地震。显然，这些假定都是不合理的。事实上，依据震级估算(表3-1)，只要合理地认知一系列长安地震有感为Ⅲ度、Ⅳ度、Ⅴ度，甚至Ⅵ度，判定北西向房县-安康深断裂构造带是其发震构造，则788年金州、房州地震是由23个5.0级以上余震群组成的大震事件。最大地震按历史地震取居中点竹山擂鼓台，震级估算为7½级。它们分布于该发震断裂构造带中。

在现代大震事件中也有与788年金州、房州地震相类似的强余震群特征。表3-2罗列了中国九大地震的地震活动参数，其中邢台、龙陵、唐山等大震事件具有众多的$M_S \geqslant 5$的强余震群，而且衰减较慢，延续时间较长。这与788年金、房州地震确实相仿。依据频度-震级计算公式$\lg N = a - bM$，采用这3个大震事件余震序列参数反推其主震震级，则邢台、龙陵、唐山地震的主震震级反推估值分别为7.413、7.211、7.184。结果表明，邢台、龙陵地震的主震震级与观测震级相差较小，而与唐山7.8级地震震级相差较大。事实上，远震分析表明，唐山地震主震是由3个紧密相连的7.0级以上地震组成的(梅世蓉，1982)。显然，具有丰富强余震群的地震活动序列与7级以上的主震事件是密切关联的，即佐证了788年金、房州地震应评估为大震事件。

表 3－2　中国九大地震与余震活动参数(据马宗晋,1982,增修)

编号	地震	主震震级 M_S	余震区			强余震个数 $M_S \geq 5$	最大余震震级 (M_L)	余震序列			
			长度 L/km	宽度 D/km	深度 H/km			a 值	b 值	p 值	ΔT/d
1	邢台地震	7.2	90	30	10～2	30	6.2	5.56	0.75	0.96	645
2	渤海地震	7.4	60	25	5	2	5.1	5.34	0.86	0.89	1
3	通海地震	7.8	85	35		9	5½	3.79	0.72	1.15	1
4	炉霍地震	7.6	110	50	4～16	8	6.3	3.33	0.48	1.58	3
5	永善地震	7.1	22	10		6	5.7	4.26	0.68	1.27	36
6	海城地震	7.3	70	30	2～16	8	6.0	6.00	0.95	0.79	1198
7	龙陵地震	7.4	90	45	2～12	22	6.8	5.48	0.76	1.45	136
8	唐山地震	7.8	145	50	0～20	30	7.1	7.04	0.98	0.80	288
9	松潘地震	7.2、7.2	80	25	6～18	2	6.7	4.57	0.69	1.32	7

前已述及,北西向石泉-安康-房县断裂构造带全长约 300km,其西北段安康月河拉分盆地长约 120km,南东端段房县拉分盆地长 30km,其中间竹山-竹溪-平利段长约 150km,并且竹山宝丰晚白垩世盆地受左旋走滑-挤压上冲而强烈变形。这与表 3－2 中九大地震的余震区长度是相容的,亦满足 788 年金、房州大震事件的基本地震地质条件。此外,《中国地震区划图》(1999 年)将房县-安康断裂构造带竹山、竹溪、房县地段划定为 7 级地震潜在源区,则表明了另一种共识。

图 3－6 显示了 788 年金、房州 7½级大震理论拟合等烈度线图。在不顾及强余震的条件下,金州、房州治所均位于Ⅶ度区内,满足金、房州震害尤甚,烈度达Ⅶ度的记述,但不满足京师含元殿Ⅵ度破坏。究其原因则可能属渭河盆地全新世冲洪积饱和土层上人工高台的地震烈度异常响应。

五、结语

唐德宗贞元四年(788 年)地震距今已千余年,重新解读后晋朝刘昫编修的《旧唐书》和宋朝欧阳修编修的《新唐书》史料,结合唐朝时期政治经济状况,应用历史地震和现代地震分析方法,将一系列证据链串联起来,我们清晰地判定,788 年金、房州地震是一次具有丰富强余震序列的大震活动,主震时间为 788 年 2 月 16 日,震级达 7½级,拟合震中位置仍为竹山擂鼓台(N32°23′、E109°52′),其强余震群分布于北西向房县-安康断裂构造带中。

诚然,如果有人一定要把京师长安一系列有感地震作为独立事件处理,不承认与金州、房州地震相关联,也是允许的,只不过与密切、连续的史料叙述逻辑相悖而已。

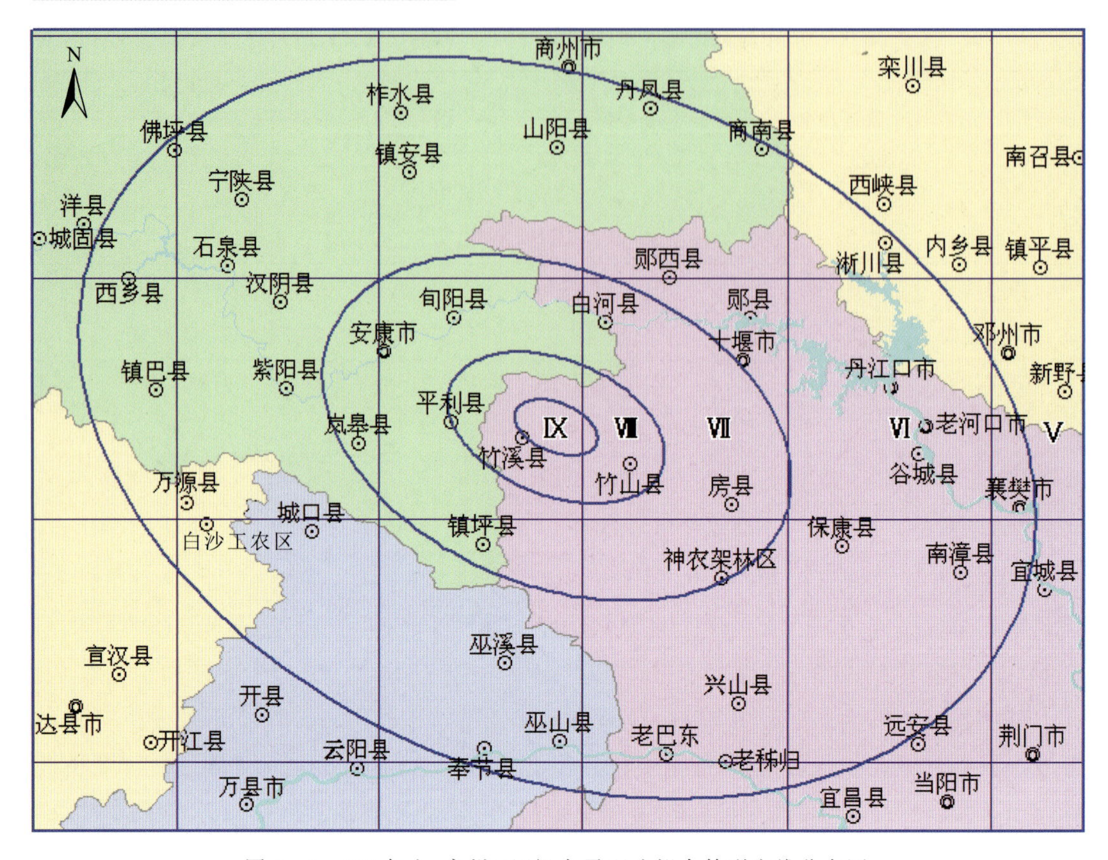

图 3－6　788 年金、房州 7½级大震理论拟合等烈度线分布图

第三节　1634 年 3 月 30 日湖北罗田地震续考

罗田地震发生于崇祯七年三月初二巳时，日食次日，即 1634 年 3 月 30 日。震中区罗田“河水播起数尺、翻腾数天，屋舍倾倒”，并且“黄州城倾数垛，武昌（今鄂州）诸处皆然”；地震有感“横亘凡二千余里”。依据时空密切关联的地震影响场，按华北地震烈度衰减关系式计算评估，本次地震主震震级为 $M6.0$ 级，建议将现今 $M5½$ 级恢复到李善邦（1960）给出的 $M6.0$ 级。这一地震为前震、主震、余震序列。震中地理坐标取罗田城关，即 N30.79°、E115.40°，精度为 2。

一、前言

关于 1634 年湖北罗田地震，李善邦（1960）在《中国地震目录》一书中评定为 $M6.0$ 级地震，震中地理坐标为 N30.5°、E115.0°，时间为 1634 年 3 月；而后，中央地震工作小组办公室（1971）、国家地震局（1977，1985）和国家地震局震害防御司（1995）均评定为 $M5½$

级地震，震中地理坐标为N30.7°、E115.1°，时间为1634年3月30日。然而，这次地震由于湖北、安徽、江西各地历史地震记载时间参差，有感范围边界难以确定，震中区不易框定，因而在震级、地点、时间三要素方面存在变数，故续考分析这次疑难地震仍是必要的。

二、地震史料

1.《湖北地震史料汇考》相关资料

明思宗崇祯七年二月二十七日　　公元1634年3月26日

黄州、武昌（今鄂州）

〔崇祯七年二月二十七日巳刻〕有声自西北来，如雷，地为之动，坐立之人，摇摇如在舟中，房屋皆震。黄州城倾数垛，武昌诸处皆然，横亘凡二千余里。

光绪《湖北通志志余·祥异》第八册　光绪间抄本

光绪《武昌县志·祥异》卷十　光绪十一年刻本

蕲州

〔崇祯七年〕蕲、黄又地震（旧志）。

康熙《蕲州志·祥异》卷十二　康熙四年刻本

〔崇祯七年〕蕲、黄地震。春二月二十七日有声自西北来，如雷，地为之动，屋瓦皆震。三月戊子，黄州昼晦如夜。

光绪《黄州府志·祥异》卷四十　光绪十年刻本

蕲水（今浠水）

〔崇祯七年〕又震，三月昼晦。

乾隆《蕲水县志·灾祥》卷末　乾隆五十九年刻本

景陵（今天门）

〔崇祯七年春〕地复震。

康熙《景陵县志·灾祥》卷二　康熙七年刻本

明思宗崇祯七年三月初二日巳时　　公元1634年3月30日10时

罗田

〔崇祯七年二月（三）初一日〕日食。初二巳时地震，河水播起数尺，屋舍倾倒。

康熙《罗田县志·灾祥》卷七　康熙四年钞本

黄州

〔崇祯七年三月初二日〕黄州昼晦，明日地震，声如雷。

《绥冠纪略·地震》卷十二　（清）康熙十三年刊本

《二申野录》卷八　（清）光绪辛丑

〔按〕：康熙《罗田县志》作“二月初一日食应为三月初一”。《明史·庄烈帝纪》卷二十三作“崇祯七年三月丁亥朔，日有食之”。朱文鑫《历代日食考》亦作“七年三月丁亥”。

《绥冠纪略》《二申野录》记地震于昼晦的次日,即三月初三日。今从《罗田县志》记地震于日食的次日即三月初二日。

李善邦《中国地震目录》作:"1634 年 3 月(明崇祯七年二月)在黄冈、罗田(北纬 30.5°,东经 115.0°)发生 6 级地震。黄州(黄冈)城倾数垛,罗田屋舍倾倒,河水播起数尺。此次地震波及面积很大。湖北、江西、安徽、沿长江各州县均有记载,但时间甚为参差,黄州作崇祯七年二月二十七日,罗田作七年二月二日。武汉(江涌如沸)、黄安、浠水、蕲州、远安、当阳均作崇祯六年,无日月;天门作七年春;江西各州县:鄱阳、九江、都昌、瑞昌、湖口均作七年三月;安徽各县:桐城、潜山、望江、安庆、怀宁、太湖、宿松均作七年一月二十八日地震,屋宇动摇。以上各地记录从地理分布看,很可能发自一个震中,而记录时间有参差。"中央地震工作小组办公室在《中国地震目录》一书中将震级定为 5½ 级,震中地理坐标为 N30.7°、E115.1°。

明思宗崇祯七年六月　　公元 1634 年 6 月 25 日—7 月 24 日

德安府(治安陆)

〔崇祯七年六月〕地震。屋础动摇,卧者多仆于地。

康熙《德安府全志·灾异》卷二　康熙二十四年钞本

康熙《德安安陆郡县志·灾祥》卷八　康熙五年刻本

应城

〔崇祯七年〕地震。

康熙《应城县志·灾祥》卷三　康熙十年刻本

武昌府(治江夏,今武昌)

〔崇祯七年六月〕地震。

康熙《武昌府志·灾异》卷四　康熙二十二年钞本

同治《江夏县志·祥异》卷八　同治八年刻本

汉川

〔崇祯七年〕汉川复地震。

同治《汉川县志·祥祲》卷十四　同治十二年刻本

咸宁

〔崇祯七年六月〕地震,屋础动摇,卧者多仆于地。

康熙《咸宁县志·灾异》卷六　康熙四年刻本

通城

〔崇祯七年〕地震。

同治《通城县志·祥异》卷二十二　同治六年活字本

荆州府

〔崇祯七年〕荆州、枝江,地大震。荆州鼓楼灾。

康熙《荆州府志·祥异》卷二　康熙二十四年刻本

枝江

〔崇祯七季(年)〕地震。

康熙《枝江县志·灾异》卷一　康熙九年刻本

〔按〕:宣统《湖北通志》作:“六月罗田、安陆、枝江、江夏、汉川、通城、应城、咸宁地震(各府、州、县志)”。

2.《中国地震历史资料汇编》相关资料

崇祯七年正月二十八日　　公元1634年2月25日

南直隶安庆府(治怀宁,今安徽安庆)

〔崇祯七年甲戌正月〕地震,屋宇倾动。

(清)姚琅《安庆府志》卷一四　康熙二十二年刊本

(清)段鼎臣《怀宁县志》卷三　康熙十二年刊本

南直隶桐城(今安徽桐城)

〔崇祯七年甲戌春正月二十八日〕地震,屋宇摇动。

(清)胡必選《桐城县志》卷一　康熙十二年刊本

〔按〕:《全桐纪略》作:“正月地震有声”。

南直隶潜山(今安徽潜山)

〔崇祯七年甲戌正月二十八日〕地震,屋宇动倾。

(清)周克友《潜山县志》卷一　康熙十四年刊本

南直隶太湖(今安徽太湖)

〔崇祯七年甲戌春正月〕地震,屋宇动摇,轰然有声。

(清)李世治《太湖县志》卷九　顺治十年刊本

南直隶望江(今安徽望江)

〔崇祯七年甲戌正月二十八日〕地震有声。

(清)王世胤《望江县志》卷九　顺治八年刊本

崇祯七年二月二十六日　　1634年3月25日

南直隶宿松(今安徽宿松)

〔崇祯七年甲戌二月二十六日〕地震有声,屋宇倾动。

(清)朱维高《宿松县志》卷三　康熙十四年刊本

崇祯七年二月二十七日　　1634年3月26日

湖广黄州府(治黄冈,今湖北黄冈)、**蕲州**(治今湖北蕲春西南蕲州)

〔崇祯七年〕蕲、黄地震。春二月二十七日,有声自西北来,如雷,地为之动,屋瓦皆震。

(清)英启《黄州府志》卷四〇　光绪二年刊本

〔按〕:康熙《蕲州志》作:“七年甲戌,蕲、黄又地震”。

崇祯七年春正月初二日　　公元 1634 年 3 月 30 日

湖广罗田(今湖北罗田)

〔崇祯七年二(三)月朔〕日有食之。初二巳时地震,河水翻腾数天,屋舍倾倒。

(清)张琳《罗田县志》卷一　康熙五十六年刊本

〔按〕:《明史・庄烈帝纪》作:"崇祯七年三月丁亥朔,日有食之"。朱文鑫《历代日食考》亦作七年三月古刻日蚀。康熙《罗田县志》所记二月朔,日有食之,为三月之误。

湖广黄州府(治黄冈,今湖北黄冈)

〔崇祯七年三月初二日〕黄州昼晦,明日地震声如雷。

(清)吴伟业《绥寇纪略》卷一二　康熙十三年刊本

〔按〕:《二申野录》卷八作:"三月初二日黄州昼晦,明日地震如雷。"《蜀龟鉴》同据康熙《罗田县志》地震发生于日蚀第二天,"黄州昼晦,明日地震",亦系记地震发生于日蚀后。崇祯七年三月丁亥朔发生日蚀,此地震时间应为三月初二。

湖广蕲水(今湖北浠水)

〔崇祯七年〕又震。三月昼晦。

(清)邵应龙《蕲水县志》卷末　乾隆二十四年刊本

崇祯七年三月　　1634 年 3 月 29 日—4 月 26 日

江西

〔崇祯七年三月〕地震。

(清)于成龙《江西通志》卷四　康熙二十二年刊本

(清)白潢《西江志》卷一〇七　康熙五十九年刊本

江西九江府(治德化,今九江)

〔崇祯七年三月〕地大震。

(清)江殷道《九江府志》卷一　康熙十二年刊本

江西德化(今九江)

〔崇祯七年三月〕地大震。(原注:府志)

(清)沈锡三《德化县志》卷一五　乾隆四十五年刊本

江西瑞昌

〔崇祯七年三月〕地大震。

(清)姚暹《瑞昌县志》卷一〇　同治十年刊本

江西湖口

〔崇祯七年三月〕地大震。

(清)范之焕《湖口县志》卷八　康熙十二年刊本

江西都昌

〔崇祯七年春三月〕地震。

(清)狄学耕《都昌县志》卷一六　同治十一年刊本

江西饶州府(治鄱阳,今鄱阳)

〔崇祯七年三月〕地震。

(清)黄家遴《饶州府志》卷三六　康熙二十二年增补本

江西鄱阳(今鄱阳)

〔崇祯七年三月〕地震。

(清)王克生《鄱阳县志》卷一五　康熙二十二年刊本

江西新昌(今宜丰)

〔崇祯七年〕地震有声,窗棂门壁俱动。

(清)吉必兆《新昌县志》卷六　康熙二十二年刊本

浙江南浔镇(今湖州东南浔镇)

〔崇祯七年三月〕地震。

(清)汪曰桢《南浔镇志》卷一九　咸丰九年刊本

崇祯七年春　　1634年春

南直隶宿州(治今安徽宿州)

〔崇祯七年〕春地震,逾九日又震。

(清)董鸿图《宿州志》卷一〇　康熙五十七年刊本

〔按〕:道光《宿州志》同。

湖广景陵(今湖北天门)

〔崇祯七年〕春地复震。冬旱,草木开花。

(清)李馨《景陵县志》卷二　康熙七年刊本

(清)胡翼《天门县志》卷七　乾隆三十年刊本

崇祯七年六月　　公元1634年6月25日—7月24日

湖广武昌府(治江夏,今湖北武汉市武昌)

〔崇祯七年六月〕地震。

(清)裴天锡《武昌府志》卷三　康熙二十六年刊本

湖广江夏(今武昌)

〔崇祯甲戌七年六月〕地震。

(清)王庭祯《江夏县志》卷八　同治八年刊本

〔按〕:宣统《湖北通志》作:"七年六月,罗田、安陆、枝江、江夏、汉川、通城、应城、咸宁地震"。

湖广咸宁(今湖北咸宁)

〔崇祯七年甲戌六月〕地震,屋础动摇,卧者仆于地。

(清)何廷韬《咸宁县志》卷六　康熙四年刊本

〔按〕:同治《咸宁县志》记有此次地震。

湖广德安府(治安陆,今湖北安陆)

〔崇祯七年申(甲)戌六月〕地震,屋础动摇,卧者多仆于地。

(清)傅鹤祥《德安府志》卷二　康熙二十四年刊本

〔按〕:道光《安陆县志》记有此次地震。

崇祯七年　公元 1634 年

湖广通城(今湖北通城)

〔崇祯七年甲戌〕地震。蝗。

(清)郑葵《通城县志》卷二二　同治六年刊本

湖广汉川(今湖北汉川)

〔崇祯七年甲戌〕汉川地复震。

(清)德廉《汉川县志》卷一四　同治十二年刊本

湖广应城(今湖北应城)

〔崇祯七年〕地震。

(清)樊司铎《应城县志》卷三　康熙十年刊本

湖广枝江(今湖北宜都东南枝城)

〔崇祯七年〕荆州枝江地大震。荆州鼓楼灾。

(清)郭茂泰《荆州府志》卷二　康熙二十四年刊本

〔按〕:《年表》误作:"荆州府七年地大震"。

〔崇祯七季(年)〕地大震。

(清)周廷桂《枝江县志》卷一　康熙九年刊本

3. 地震史料归类与分析

(1)地震时间记载为崇祯七年正月、正月二十八日的有安徽省安庆(治怀宁、安庆市)、桐城、潜山、太湖、望江。诸县志修志时间为顺治八年至康熙二十二年。《望江县志》修于顺治八年,距崇祯七年仅 17 年。其他县志刊本时间距崇祯七年均小于 49 年,离逝时间较近。

(2)地震时间记载为崇祯七年二月、二月二十六日、二月二十七日的有湖北黄冈、鄂州、罗田、蕲州和安徽宿松。修志刊本最早为康熙四年,晚则光绪十一年,离逝时间早晚都有。

(3)地震时间记载为崇祯七年三月、三月初二日的地区有湖北黄州、浠水,江西九江、瑞昌、湖口、都昌、饶州(今鄱阳),浙江湖州(孤立点)。修志刊本时间为康熙十二年至同治十一年,离逝时间早晚都有。

(4)地震时间记载为崇祯七年春的地区有湖北景陵(今天门)、安徽宿州(孤立点),前者修志刊本时间为康熙七年,后者为康熙五十七年。

(5)地震时间记载为崇祯七年六月的地区有湖北武昌(今江夏)、咸宁德安(今安陆)。

其修志时间为康熙四年、五年和二十二年。

(6)地震时间记载为崇祯七年的地区有湖北荆州、枝江(今枝城)、通城、汉川、应城，江西新昌(今宜丰)，其修志刊本时间为康熙九年至同治六年。

三、续考

(1)罗田地震日期确定无疑，由三月初一日日食，次日地震证实，为崇祯七年三月初二日巳时，即 1634 年 3 月 30 日上午 9:00—11:00。

(2)罗田地震震害记载独见于《罗田县志》康熙四年钞本和康熙五十六年刊本，称"河水播起数尺"，或曰"河水翻腾数天，屋舍倾倒。"罗田城关亦称凤山镇，位于北东向巴河支流枫树河左岸(西岸)向东凸出的Ⅱ级基座阶地上，河谷宽坦，曲流发育，为岗地、低丘陵和缓地貌，基岩为元古宙花岗质片麻岩和局部侏罗纪花岗岩。罗田城关及其附近地带无山崩、滑坡先存条件。第四纪早期北东向罗田断裂展布于城关河谷东岸附近，断层高角度西倾，右旋兼具逆断层性质。由于罗田县处于大别山区，旧时房屋绝大多数为木结构，抗震性能良好，故"屋舍倾倒"绝非易事，足见震害严重。此外，地震时"河水播起数尺"展现宽阔河面的水体强烈震荡效应，而"河水翻腾数天"则很可能为余震影响，亦或数天内河床内地震喷沙冒水对河床水体的翻腾鼓溢效应。这两种效应很可能同时存在，显示强烈的地震地面效应。

(3)罗田地震均不见于明《崇祯长编》，清顺治、康熙、雍正、乾隆年间《湖广通志》《黄州府志》等，仅独见于康熙年间《罗田县志》，但隐含于光绪年间《湖北通志》和《武昌(鄂州)县志》内，称"黄州城倾数垛，武昌诸处皆然，横亘凡二千余里"。究其原因，与明朝末年风雨飘摇的时局有关，即内有多支农民军武装起义，农民军在山海关外与清军历经数十年战争，节节败退。明朝湖广当局已无力顾及大别山区穷乡僻壤之处的地震灾害，而且忌讳"城破""城毁""城坏"之词，遂不言而隐匿之。光绪本《湖北通志》称"黄州城倾数垛，武昌诸处皆然"应属据实补正，并非虚言，尤其是其后述地震有感影响"横亘凡二千余里"与区域各地县志记述相印证。

(4)与罗田地震主震时间记载相匹配的外围有感点见于江西九江、瑞昌、湖口、都昌、鄱阳(波阳)，记崇祯七年三月。罗田距最远点波阳 230km。

(5)涉及罗田地震前震信息记载的史料有：光绪刊本《湖北通志》《武昌(鄂州)县志》和《黄州府志》，作七年二月二十七日；而安徽安庆府诸县志：安庆(怀宁)、桐城、潜山、太湖、望江作七年正月或正月二十八日，唯宿松作七年二月二十六日。安庆府诸县志修于顺治八年至康熙二十二年，离崇祯七年仅相去 17～49 年，可信程度较高。

(6)与罗田地震在地域上密切关联的有感点，且时间记载为崇祯七年春的地区有景陵(今湖北天门)，记作崇祯七年的地区有蕲州、蕲水(今浠水)、汉川、应城、通城、江陵、枝江及江西宜丰。

(7)此外，在空间上与罗田地震密切关联，在时间上滞后于崇祯七年六月记载地震的地区有德安府(今安陆)、武昌府(治江夏,今武昌)、咸宁。这些记载隐含有罗田地震的余震信息。

四、处理结果

(1)罗田地震唯罗田、黄冈记载建筑物和构筑物有破坏,其长轴走向北东,因此,在地震影响上,将武昌、咸宁、江陵方向作为长轴衰减处理,将湖北德安府(今安陆),江西九江府(今九江)和安徽安庆府(今安庆)方向作为短轴方向处理。同时舍去震中距分别为安徽宿州 345km、浙江湖州 500km 的孤立有感点。依据汪素云等(1993b)提出的华北地区地震烈度衰减关系拟合计算主震震级,结果如表 3-3 所示,拟合评估其主震震级为 $M6.20 \pm 0.17$,约为 $M6.0$ 级。

表 3-3 湖北罗田地震影响场与主震震级拟合计算值简表

主震震中区	地震影响场主要控制点	地震烈度	衰减轴	震中距/km	拟合震级	平均震级
罗田 河水播起数尺(河水翻腾数天),屋舍倾倒。地震烈度Ⅶ、Ⅷ度	黄冈 房屋皆震、城倾数垛	Ⅵ度	长轴 a	64	6.13	6.20±0.17
	湖口 地大震(九江、瑞昌相同)	Ⅴ度	短轴 b	140	6.39	
	宜丰 地震	Ⅳ度	短轴 b	270	6.21	
	翻阳 地震	Ⅳ度	短轴 b	230	6.07	
	通城 地震	Ⅳ度	长轴 a	230	5.94	
	江陵 地大震,荆州鼓楼灾 (舍去饱和砂土烈度异常)	Ⅳ度 (舍去Ⅴ度)	长轴 a	310	6.26	
	枝江 地震(从县志)	Ⅳ度	长轴 a	375	6.39	

(2)将安庆府(治怀宁,今安庆)、桐城、潜山、太湖、望江县志所述正月二十八日地震有感作为罗田地震前震之一处理,则罗田至怀宁震中距 150km,按烈度衰减关系评估为 $M5.0$ 级。发震时间为 1634 年 2 月 25 日。

(3)将光绪十年、十一年刊本《黄州府志》《武昌府志》《湖北通志》所述二月二十七日地震记载和康熙十四年刊本《宿松县志》所述二月二十六日合并考虑,并以后者日期为校正时间,即 1634 年 3 月 25 日。按罗田至宿松震中距 100km,按烈度衰减关系评估罗田地震前震之二震级为 $M4\frac{3}{4}$ 级。

(4)将武昌府、江夏、咸宁、德安府志所述六月地震有感作为罗田地震余震处理,同时考虑到它很可能混淆了主震的影响,则罗田至安陆 170km,按烈度衰减关系评估其余震震级为 $M5\frac{1}{4}$ 级。

(5)据上述,建议将罗田地震的主震震级恢复到李善邦(1960)所给定的 6 级,发震时间为 1634 年 3 月 30 日上午 9:00—11:00,震中地理坐标取震害较重的罗田城关,即

N30.79°、E115.40°，精度为 2(图 3-7)。其前震两次，分别为 1634 年 2 月 25 日 $M5.0$ 级地震和 1634 年 3 月 25 日 $M4\frac{3}{4}$ 级地震；余震一次，即 1634 年 6 月 $M5\frac{1}{4}$ 级地震。它们的震中地理坐标同主震，精度为 3。

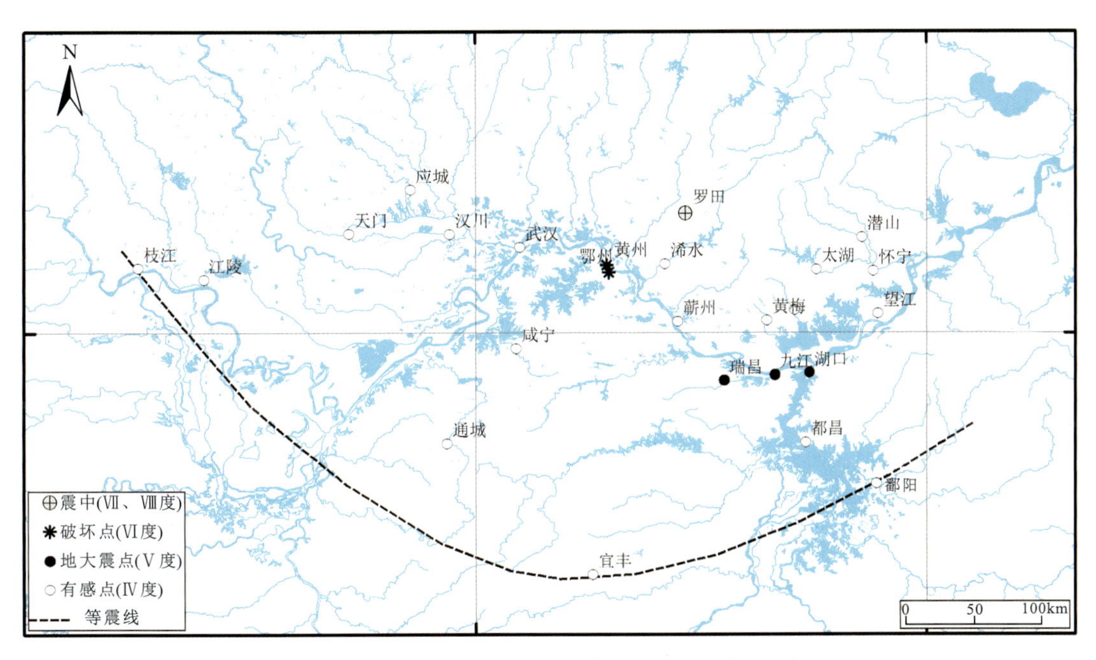

图 3-7　1634 年 3 月 30 日湖北罗田 6.0 级地震

第四章

典型震例简析

第一节　46年南阳($M \geq 7$级)地震

一、历史地震资料

东汉光武帝建武二十二年九月戊辰(初五日)　　公元46年10月23日

南阳郡(治宛县,今南阳市)等四十二郡国

〔世祖建武二十二年九月〕郡国四十二地震,南阳尤甚,地裂压杀人。

《后汉书》卷一六《五行志》

〔建武二十二年九月戊辰〕地震裂。制诏曰:"日者地震,南阳尤甚。……其令南阳勿输今年田租刍藁。遣谒者案行,其死罪系囚在戊辰以前,减死罪一等;徒皆弛解钳,衣丝絮。赐郡中居人压死者棺钱,人三千。其口赋逋税而庐宅尤破坏者,勿收责。吏人死亡,或在坏垣毁屋之下,而家羸弱不能收拾者,其以见钱谷取佣,为寻求之。"

《后汉书》卷一《光武帝纪》

(晋)袁宏《后汉纪·光武帝纪》

注:此四十二郡国不详。

东汉光武帝建武二十二年九月初五日　　公元46年10月23日

南阳、唐县

〔建武二十二年九月〕南阳地震陷裂,人多压死。唐县亦震。

万历五年《南阳府志》

春陵(今枣阳县南)

〔建武二十二年九月〕春陵地裂。

乾隆《新野县志·祥异》卷八　乾隆十九年刻本

注:东汉南阳郡治宛县(今南阳市),领宛、冠军、叶县等三十七城,其郡境有当今南阳、内

乡、泌阳、桐柏、舞阳、新野、鲁山、淅川、方城、邓县、叶县、唐河、镇平及湖北枣阳、光化等地。

二、史料简析

(1)据《中国历史地图集》(1975)，东汉王朝共设置95个郡级行政单位。46年南阳地震导致“郡国四十二地震”，显然是依据各郡奏报实情统计的，并非虚言。

(2)46年南阳地震致使“郡国四十二地震，南阳尤甚，地裂压杀人”，可以南阳郡治宛县(今南阳市)为宏观震中(图4-1)，地理坐标为N33.0°、E112.5°，精度为3。依据东汉光武帝建武州郡行政区划图以同心圆逐次括及四十二郡国治所，则宏观有感半径范围$R \geqslant 650$km，春陵(枣阳)地裂疑为同震效应，震中距100km，地震影响烈度为Ⅵ$^{+}$。

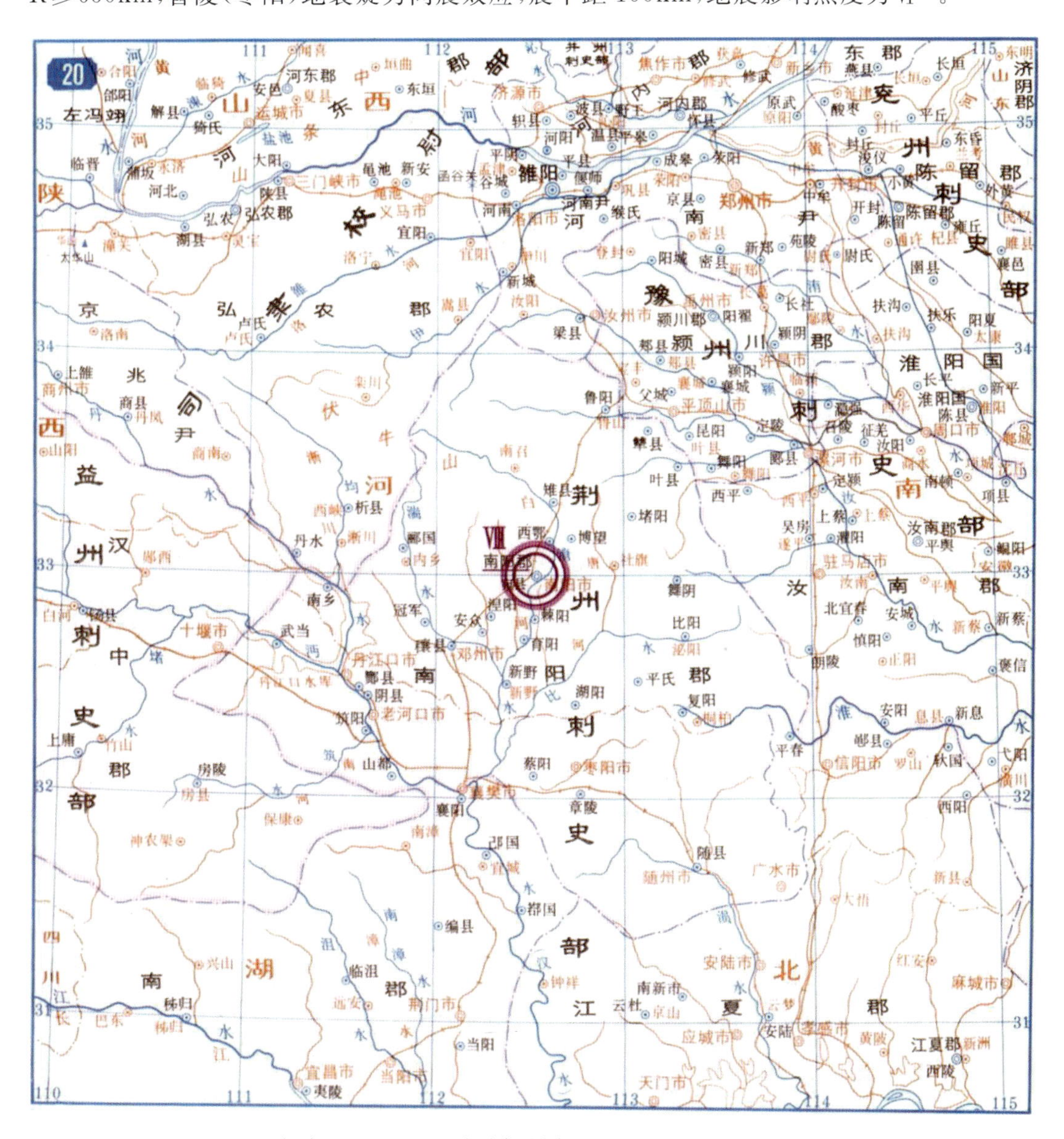

图4-1　46年南阳($M6\frac{1}{2}$)地震历史地图(据中国地震局地球物理研究所等，1990)

(3)南阳郡宛城址位于白河右岸(西岸)全新世冲洪积平原之上,而南阳市西北山前地带广泛发育切割显著的由更新世和新近纪地层构成的岗地,“地裂压杀人”很可能指地震地面破坏、岗地陡峻河谷地带土层地裂滑坡摧毁村庄压死人,而且震中区“庐宅破坏”“坏垣毁屋”“郡中居人压死”“吏人死亡”,震害尤甚。按《中国地震烈度表》(GB/T 17743—2020),南阳地震震中区地震烈度宜为Ⅷ~Ⅸ度。

(4)地震灾害“南阳尤甚”不仅指郡治宛县城,亦包括南阳郡广泛地带。

(5)东汉光武帝刘秀为湖北枣阳西蔡阳人氏,发迹于南阳,起兵推翻王莽政权恢复汉室。在建武二十二年九月初五南阳地震之后,采取了免南阳郡全郡所属各县当年税赋、拨款救灾等有力措施。故此,亦可见灾情严重。

(6)据上述,依据中国第五代地震区划(2015)东部强震区地震烈度衰减关系(长轴):$I=5.7123+1.3626M-4.2903\lg(R+25)$,其标准差 $\sigma=0.5826$,应用46年南阳地震烈度参数估算震级,如下述:①取最大有感范围 $R=650$km,按现代地震有感影响烈度Ⅲ度,得 $M=6.92$;②取最大有感范围 $R=650$km,按历史地震有感影响烈度通常取Ⅳ度,得 $M=7.65$;③取舂陵(湖北枣阳)地震影响烈度Ⅵ度,震中距 $R=100$km,得 $M=6.81$;④取南阳(苑县)至唐县为极震区,长轴45km,分别按地震烈度Ⅷ度、Ⅸ度估算,得 $M=6.96$ 或 $M=7.69$。

这些估算结果是较为离散的,震级 M 分布于6.8~7.7之间,$\Delta M\approx1$ 级,因此应考虑46年南阳地震为 $M\geqslant7$ 的大震。现今地震目录给出 $M6\frac{1}{2}$,可能误差较大,争议很多,在进行地震构造确定性分析时,应考虑现有震级误差较大的事实。

3. 相关地震构造分析

本次地震距今已近2000年,史载简略,震中位置大致在今南阳市一带(图4-2),震中烈度不低于Ⅷ度。据此可以推测本次地震发生在南襄断陷盆地与北秦岭强烈断块隆升区的边界深断裂带构造系统中。

本次地震相关地震地质条件如下所述。

(1)这一部位具有印支—燕山期华北板块与扬子板块缝合线构造特征(见图3-2)。新构造期以来,该缝合线商丹深断裂系统仍是华北板块与扬子板块之间相对左旋滑动位移分配体系中的重要边界之一。新构造地貌反差强烈,北升南降。北秦岭断块隆升区普遍为低中山区,高程介于1500~2200m之间;南襄盆地河湖岗地高程为100~200m。南襄断陷盆地是晚白垩世以来叠置在秦岭造山褶断带基底上的盆地,由南阳断陷、新野凸起和襄枣断陷组成。此外,北东向方城断拗廊道的发育和北北西向汉水地堑的继承性活动,均是东秦岭与桐柏-大别断隆裂解的重要标志。

(2)根据重磁资料,南襄盆地基底被北西向、北西西向和北东向几组断裂切割。以商丹深断裂为界,北秦岭地壳厚32~34km,南襄盆地厚32~34km,构成由商丹深断裂控制的地壳半细颈结构。

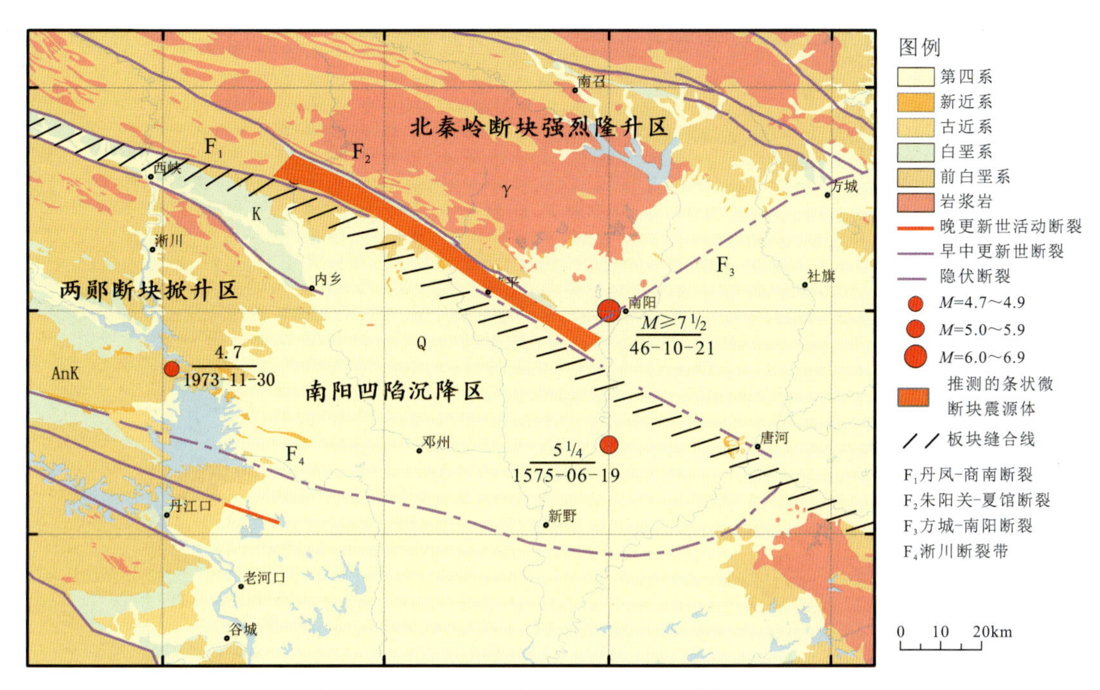

图 4-2 46 年南阳地震($M \geqslant 6\frac{1}{2}$)事件构造模型

(3)据 20 世纪 70 年代石油地质和区域地质普查资料，南阳断陷盆地晚中生代—新生代河湖相堆积最厚为 7000m，其中新近系厚 700m，第四系厚 100～160m。然而，《1∶20 万南阳幅水文地质普查报告》(河南省地质矿产局水文地质三队，1984)给出的勘探成果是上更新统—全新统厚约 15m、中更新统厚 15～50m、下更新统厚度大于 400m；南浅 1 号石油钻孔确定的新近系顶界面深 573m，亦即浅层地震反射测线 T_7 界面。T_7 界面最大埋深为 560～580m。

(4)多条跨商丹断裂带浅反射测线显示断坳生长断层特征，断层正倾滑牵引形变特征鲜明(中国地震局地球物理勘探中心，2012)。方营村测线显示(图 4-3)，$T_4(Qp_1)$底界面两盘落差 140m，$T_3(Qp_2)$底界面落差 75m，$T_2(Qp_3)$底界面落差 40m。故断层正倾滑年速率为 0.1～0.4mm/a。Zhang 等(1995)调查分析认为丹凤断裂中更新世以来左旋位错速率为 1.0±0.3mm/a，中更新世晚期—晚更新世以来位错速率为 2.6±0.8mm/a。有意义的是，现今南阳以南的唐河、白河等 4 条支流，因受北西向断裂隐伏延伸段影响，大都呈左旋扭动水系，显示了断裂第四纪具有明显活动。

(5)在扬子板块东向位移-应变同时纵长伸长产生对东秦岭断块群左旋剪压性动力作用下，南襄断陷北界的北西向丹凤-商南断裂、朱阳关-夏馆断裂南东段等，应具有明显的左旋走滑位移，同时导致两断裂之间的条状微断块强烈剪压应变，而北东向次级隐伏方城断裂则以右旋走滑兼有倾滑分量并构成截切障碍条件。

(6)南阳西侧的内乡马山口一带自20世纪70年代以来微震频繁，有感群震时有发生，2000年尚发生*M*4.7级轻破坏性北西向左旋走滑断层地震，其震源机制解与区域平均北东向主压力轴一致，它似乎显示了南阳古地震震源体的记忆效应。由于距46年南阳地震离逝时间已达1976a，这或许越来越趋向下一次大震复发时间。

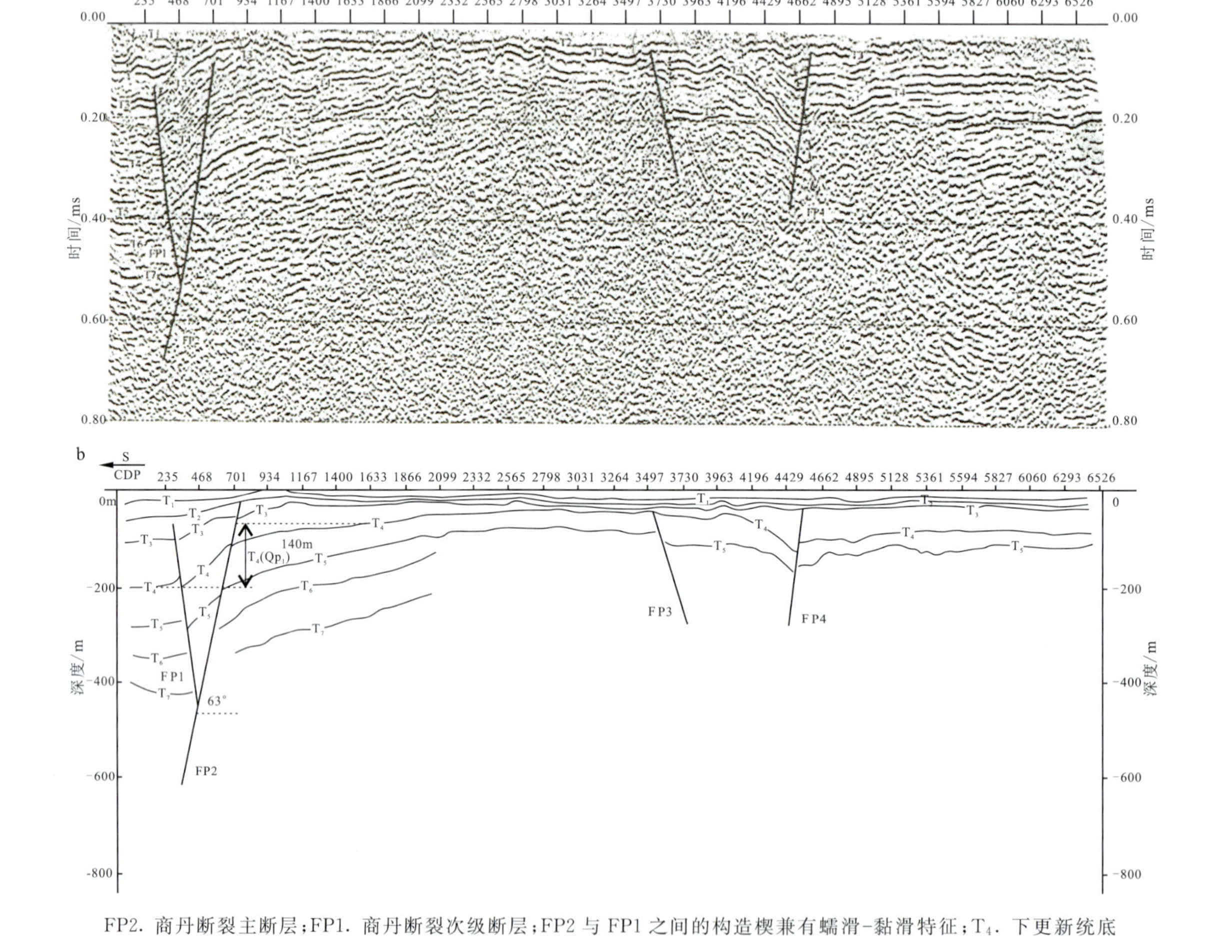

FP2. 商丹断裂主断层；FP1. 商丹断裂次级断层；FP2与FP1之间的构造楔兼有蠕滑-黏滑特征；T_4. 下更新统底界面；T_4(Qp_1). 界面总断距140m；T_3(Qp_2). 界面总断距75m；FP3、FP4. 朱阳关-夏馆断裂带，FP4的T_4界面总断距T_4(Qp_1)约55m。

图4-3 方营村测线反射波时间剖面(a)和深度解释剖面(b)(道间距2m)

(中国地震局地球物理勘探中心，2012)

图4-3中FP1对T_2、T_1界面具有"Y"形扰动，原图未作处理，疑似切割上更新统—全新统。

第二节 788 年房县—安康间($M7\frac{1}{2}$级)地震

一、历史地震资料

唐德宗贞元四年正月庚戌朔 公元 788 年 2 月 2 日

京师(长安,今西安市)

〔贞元四年正月朔日〕德宗御含元殿受朝贺。是日质明,殿阶及栏槛三十八间,无故自坏,甲士死者十余人。其夜,京师地震〈二日又震,三日又震,十八日又震,十九日又震,二十日又震。帝谓宰臣曰:"盖朕寡德,屡致后土震惊,但当修政,以答天谴耳。"二十三日又震,二十四日又震,二十五日又震,时金、房州尤甚,江溢山裂,屋宇多坏,人皆露处。〉

《旧唐书》卷三〇 《五行志》

〔贞元四年正月庚戌朔〕是日质明,含元殿前阶基栏槛坏损三十余间,压死卫士十余人。京师地震,〈辛亥(初二)又震,壬子(初三)又震。……丁卯(十八日),京师地震,戊辰(十九日)又震,庚午(二十一日)又震。……癸酉(二十四日),京师地震。……乙亥(二十六日),地震,金、房尤甚,江溢山裂,庐舍多坏,居人露处。〉

《旧唐书》卷一三 《德宗纪》

〔贞元四年正月庚戌朔夜〕京师地震;〈辛亥(初二日)、壬子(初三日)、丁卯(十八日)、戊辰)(十九日)、庚午(二十一日)、癸酉(二十四日)、甲戌(二十五日)、乙亥(二十六日)皆震,金、房二州尤甚,江溢山裂,屋宇多坏,人皆露处。〉

《新唐书》卷三五 《五行志》

〔贞元四年正月庚戌朔〕京师地震。大赦,刺史予一子官,增户垦田者加阶,县令减选,九品以上官言事。〈……是月,金、房二州皆地震,江溢山裂。〉

《新唐书》卷七 《德宗纪》

二、史料简析

(1)788 年金州、房州地震致使金州(今安康市)、房州(今房县)震害尤甚,江溢山裂、屋宇多坏,人皆露处。由于"安史之乱"以后的唐德宗时代,人口较少,金州、房州农耕人口主要集中于安康汉江、月河盆地和房县马栏河盆地内,史料记载当属地方官员举目可见之事实。因此,金州、房州治所地震烈度为Ⅶ度,《中国历史地震图集》(国家地震局地球物理研究所等,1990)亦以Ⅶ度标示。正因为屋宇、庐舍破坏较重,不可居住,并且江溢山裂,危机四伏,人们才在正月过年之际的萧杀严寒之中露处。其次,正月初一清晨朝贺时含元殿前殿阶和栏槛严重崩倒三十八间,致使甲士死亡十余人,不能认定为"无故自坏”，应推定为金州、房州主震对长安的破坏，只不过史料故意掩盖这一“不吉利”的事件而已。

金州与房州相距180km，按金州、房州尤甚，判定金州、房州地震烈度为Ⅶ度，即Ⅶ度区长轴半长90km（图4-4）。

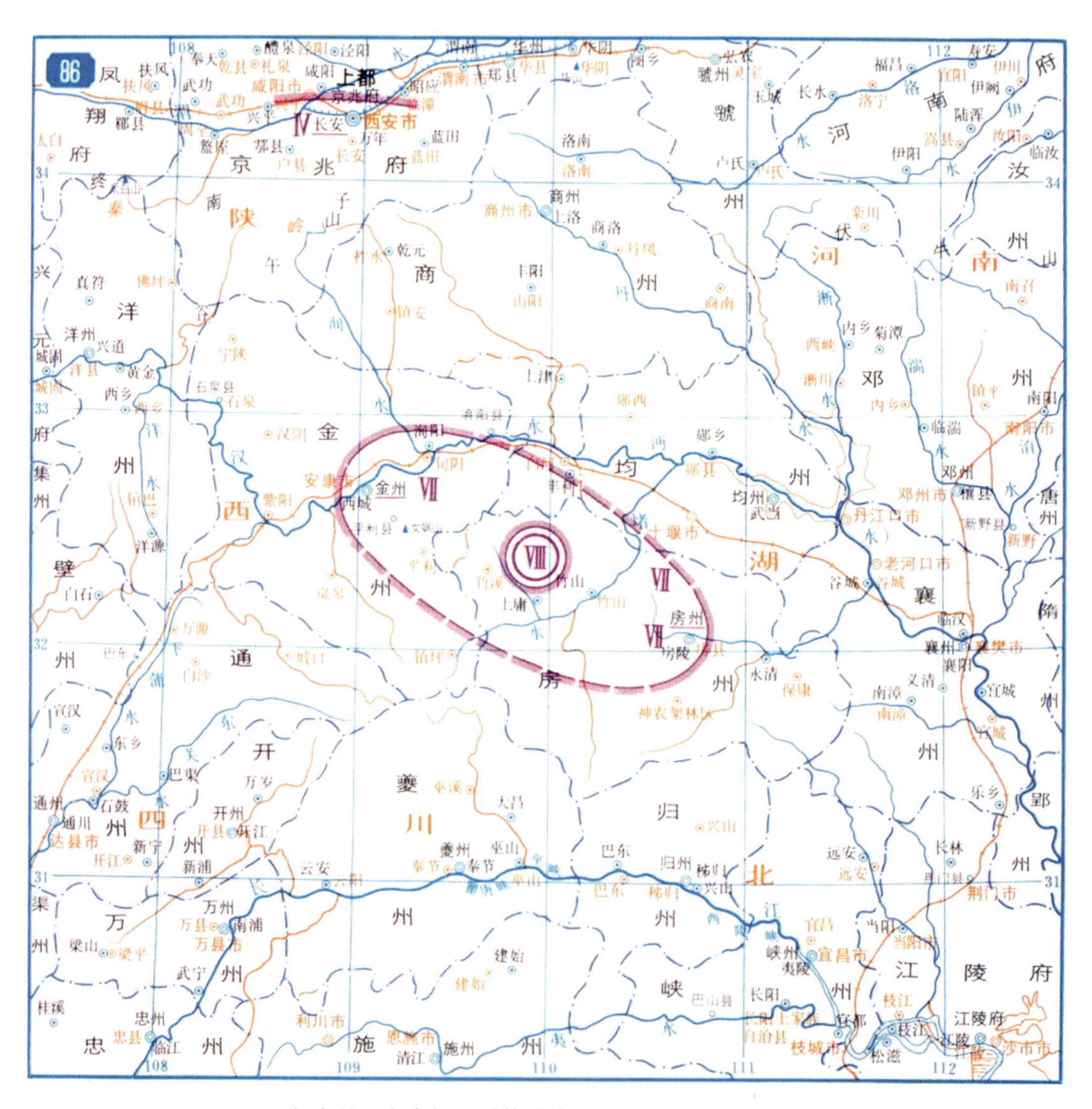

图4-4 788年房县—安康间地震等震线图（中国地震局地球物理研究所等，1990）

（2）采用中国华北地震震级与地震烈度衰减关系，以Ⅶ度区半长轴尺度和Ⅵ度区、有感半径可以估算出这次地震明显大于$M6\frac{1}{2}$级。因此，788年金州、房州地震应判定为$M7\frac{1}{2}$级地震。目前这一地震震级争议较大，存在一些不确定因素。

三、相关地震构造分析

本次地震因确切历史记载所限制精度较差，但推测极震区位于北西向房县-安康断裂构造带的居中部位即竹山晚白垩世宝丰蚀余盆地的可能性较大。房县-安康断裂构造带北段为北北西向月河断陷盆地，南端段为房县盆地，中段为竹山断裂带（含宝丰蚀余盆地）。北北西向月河断陷盆地长约90km，宽15km，古近系厚约3000m，新近系、第四系厚约200m。东西向房县盆地长约30km，宽10km，古近系厚3km，新近系、第四系厚度小于100m。竹山断裂带长约100km，由多条北西向断层组成，其内含有的宝丰蚀余盆地已丘陵化。它们构成“Z”字形构造样式，新近纪以来，呈现两端区左旋走滑拉分沉降，中间段左旋走滑剪压上冲的新构造运动特征。

竹山宝丰蚀余盆地西北起自竹山陈家岭，经擂鼓台、宝丰向东南止于溢水西沟，全长40km，最宽处8km。在平面上呈对角线指向北西-南东的不规则菱形（图4-5）。北缘是由震旦系—下古生界组成的低山和中低山，由东向西地势由500m渐增到1200m，高出盆地顶面100～300m；南缘为500～800m的低山。盆地内的构造-地貌组合比较复杂，总体呈现由北向南、由北西向南东的掀升势态，掀升幅度为150～200m，但西缘段明显偏大，局部超过300m。河流主流线逼近南缘。盆地内被近南北向支流分割成一系列条状丘陵，其间则形成较开阔的冲、洪积堆积槽。宝丰盆地的地层为上白垩统和第四系，经历过晚白垩世左旋走滑拉分、古近纪走滑挤压，第四纪至今一直保持较强的活动状态。除边界断层具有明显的断层地貌外，值得提出的是，在盆地西端，由于第四纪晚期以来的走滑挤压作用，早更新世和中更新世冲、洪积砾石层和前第四系形成长约25km、宽数千米的北西向挤压隆起脊，第四系被抬升250～300m，断层两侧的垂直差动速率为1.0～2.0mm/a。

竹山断裂带中陈家铺断裂、苦桃河断裂线性影像十分清晰，发育断层谷（槽地）。在陈家铺东南石垭子高速公路路堑边坡上发现主断裂构造岩松散如白色齑粉，贯入其中的浅棕褐色黏土呈挤压透镜体群，并产生片理化变形。TL法、ESR法测年结果显示，这些断裂的断层泥最新时代为晚更新世。SEM法测年结果也显示断层在晚更新世曾发生过黏滑运动。788年（$M7\frac{1}{2}$级）地震震中可能位于这种挤压脊岭附近，也可以认为本次地震的发震构造是安康-房县断裂带“Z”字形结构中，竹山断裂带（宝丰蚀余盆地）晚更新世以来左旋走滑导致阶区剪压变形，储能构造应变释放的结果。竹山断裂带100km线性长度与$M7\frac{1}{2}$级地震是相容的。

值得指出的是，北西向安康-房县地震构造带构成城口-房县弧形断裂构造带的弦切左旋逆走滑构造，它与汉中盆地地震构造带——龙门山地震构造带具有边界关联。2008年汶川$M8.0$级地震前两年，竹山一带曾有一系列$M3$～4级小震活动，令人关注。

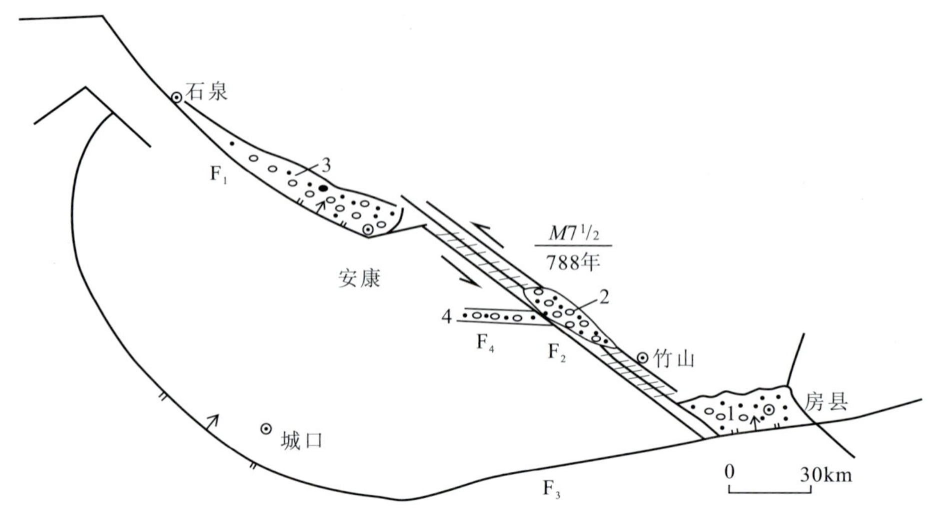

1. 房县盆地；2. 竹山蚀余盆地；3. 月河盆地；4. 竹溪盆地；F_1. 月河断裂；

F_2. 竹山-宝丰断裂带；F_3. 城口-房县断裂；F_4. 竹溪断裂。

图 4-5　788 年金州、房州地震（M7½级）事件构造模型

第三节　1631 年湖南常德（M7～7½级）地震

一、震害简况

1631 年 8 月 14 日，常德、澧县、安乡一带发生强烈地震活动，震中地带出现严重震灾。极震区烈度高达Ⅷ$^+$至Ⅸ度（图 4-6）。

常德：崇祯四年辛未七月十七日己丑夜，亥子之交地震有声，从西北起，其响如雷，须臾黑气障天，震撼动地；荣府宫殿倒塌，压死男妇六十人；城屋崩坏，墙垣尽倒，打死居民男妇无数；四处土裂，地裂孔穴，浆水涌出，井泉喷溢，露宿者月余；每日三四震，吼声如雷，遂连三岁不止（摘自《崇祯长编》和《常德府志》，康熙九年刊本）。

澧州：又于次日，澧州亦震数次；城内地裂，城墙房屋崩坏，压死居民十余人（乾隆十五年刊本《澧州志林》作“压死者众”），三家井喷出黄水，铁尺堰喷出黑水，彭山崩倒，河为之淤（摘自《崇祯长编》）。

安乡：夜地震，自东北来，声如雷，地裂拆涌水；凡地崩拆者，红水溢出，树倒屋倾，鸟兽惊奔鸣号，打死人民无数（摘自《安乡县志》，康熙二十二年刊本）。

江陵：夜半前，天忽通红，声如雷，民之卧于市街者，相互翻于闾左，遂相骇为沉地，惊号喊持泣；坏城垣十之四，民舍十之三，压死军民十余人（摘自《崇祯长编》和《荆州府志》，

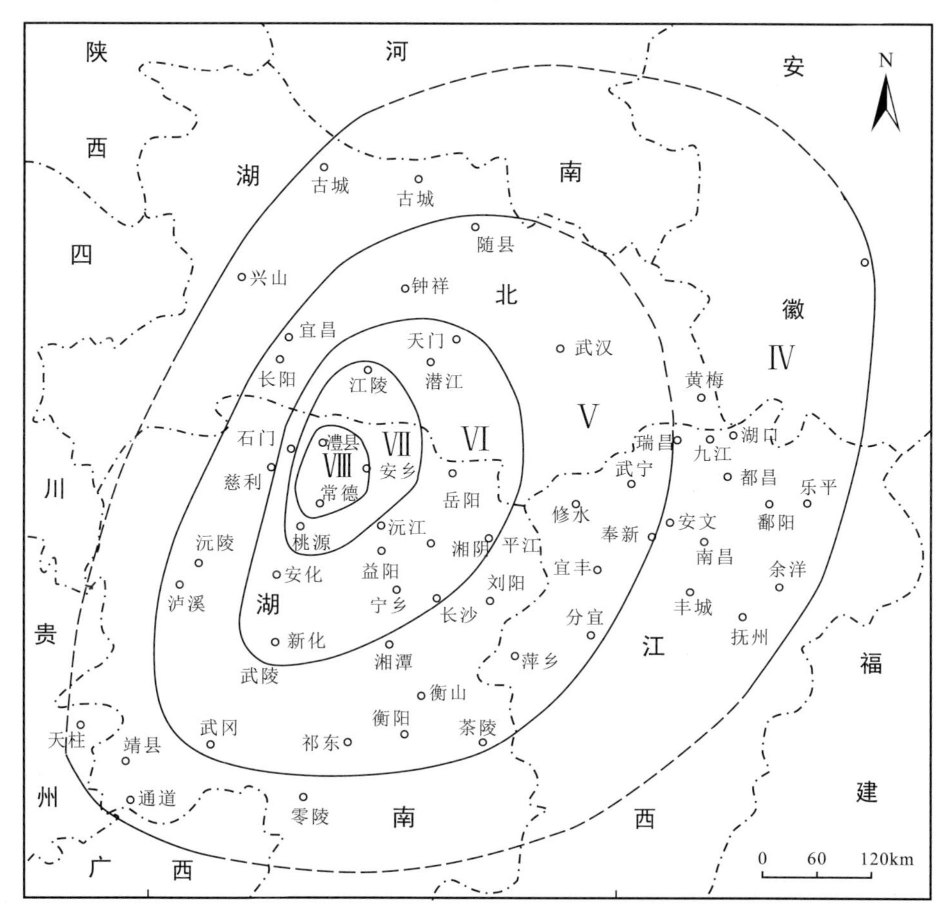

图 4－6 湖南常德 1631 年 $M6\frac{3}{4}$ 级地震等震线图(据湖北省地震局,1988)

康熙二十四年刻本)。

大庸:城内房屋崩倒,压死多人,乡村遍地裂陷、沙涌(记七月)。

泸溪:墙多倾塌(记八月初六日)。

最远有感范围达安徽无为,震中距 650km。

本次地震波及湖南汉寿、沅江、沅陵、芷江、长沙、益阳(记六月十七日)、湘阴、浏阳、宁乡、湘乡、醴陵、靖县、通道、会同、衡阳、衡山、武冈、安化(治梅城镇)、茶陵、慈利(皆记七月)、邵阳、新宁、祁阳、零陵(皆记四年);湖北武昌、钟祥、沔阳州(治沔阳镇)、潜江、天门、蒲圻、随州、长阳、宜都(以上 3 处记七月)、宜昌、兴山(皆记四年);贵州思南、清浪卫(今岑巩青溪)、玉屏、镇远、天柱;江西武宁、修水、南昌、九江、瑞昌、湖口、星子、都昌、安义、乐平、安仁(今余江锦江镇)、抚州、临州、丰城(以上均记七月)、宜丰(记十五日)、宜春、分宜、萍乡(以上 3 处记四年夏);安徽:无为。

二、地震评估

1631 年常德地震以往仅确定为 $M6\frac{1}{2}$ 级，1987 年中国历史地震专业委员会重新确立为 $M6\frac{3}{4}$ 级。尽管如此，湘鄂两省的部分地震研究者仍有不同看法，认为震级偏小，这应是一次 $M7\sim7\frac{1}{2}$ 级地震，主要依据如下。

(1)极震区长轴(常德—澧县)长度大于或等于 66km，地震烈度为Ⅷ、Ⅸ度。

(2)江陵地震烈度为Ⅶ$^{+}$度，震中距为 130km。

(3)最大有感范围为 650km。

按华北地震震级与烈度经验衰减公式，以上 3 条均满足 1631 年常德地震震级为 $M7\sim7\frac{1}{2}$ 级。

此外，据史料，本次地震为主震-余震型。如澧州记："又于次日，澧州亦震数次；常德亦记"，"每日三四震，吼声如雷，遂连三岁不止"；并且尚发生晚期强余震，即 1631 年 11 月 1 日 $M5\frac{1}{2}$ 级地震和 1632 年 11 月 8 日 $M5\frac{3}{4}$ 地震。值得关注的是，大庸(永定卫)距常德 120km，震中烈度达Ⅷ度，应另作 $M6$ 级地震处理，属相邻第四纪活动断层相互作用所致。

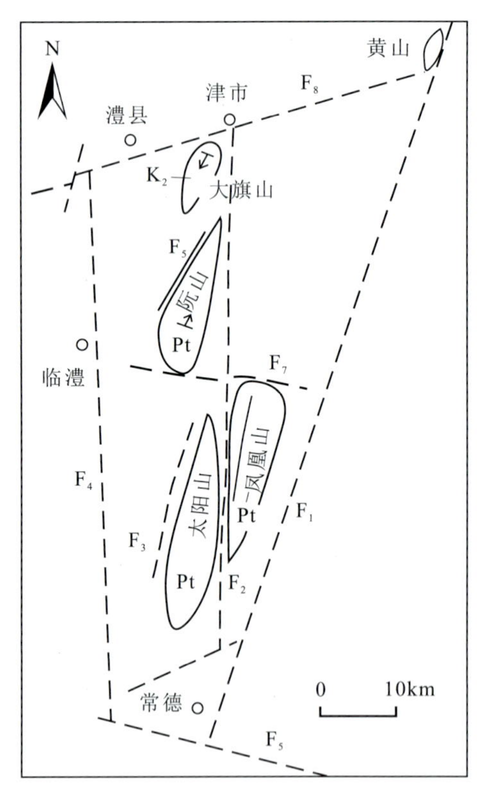

F_1. 太阳山断裂带东缘断裂；F_2. 太阳山纵谷断裂；F_3. 太阳山西麓断裂；F_4. 临澧-河洑断裂；F_5. 常德-益阳断裂；F_6. 澧水断裂；F_7. 芦花荡断裂；F_8. 尺马山断裂。

图 4－7　太阳山断凸断裂带构造模型图

三、构造地质条件

江汉-洞庭盆地为晚中生代—早新生代准大陆裂谷伸展构造，以拉斑玄武岩为主。江汉-洞庭盆地北宽南窄，向南西收敛，常德地震即发生于南西隅。桃源、泸溪、怀化雁列展布的白垩纪—古近纪盆地是其收敛尾端构造。常德地震的全过程中有中等地震响应。这种大地构造条件类似于撕裂型或者剪裂型破坏模型。

常德地震发生于洞庭断陷盆地西缘的一条近南北向强烈变形带上，由古生代—早中生代地层组成的武陵褶皱束，在太阳山断凸西侧强烈变形，构成向南弯曲的弧形褶皱，并且均由北东向或北东东向突然转为北北东向，变形强烈地段均被北北东向、近东西向断裂切割，呈现复杂断块结构(图 4－7)。燕山晚期至喜马拉雅期，太阳山断凸呈正向单元，两侧的安乡断凹和澧县断凹则不断沉陷，反差强度达 2000～3000m。第四纪以来，此种差异活动亦然，残留在山前或纵谷中的地层厚度不足 50m，而东侧最大厚度超过 200m。现就太阳山断凸主断裂活动性分述如下。

1. 太阳山断裂带东缘断裂(F_1)

它构成安乡凹陷和太阳山断凸之间边界，二者之间晚白垩世—古近纪差异运动显著，第四纪差异运动幅度达 150～200m。太阳山断凸呈现陡峻的低山、丘陵、岗地地貌，其东侧安乡沉降区为低平原河湖地貌，故该断裂具有同沉积断坳特征，中更新世明显活动。

2. 太阳山纵谷断裂(F_2)

在构造地貌上，太阳山丘陵呈南北向展布，长约 60km，宽约 15km，突兀于洞庭盆地西缘岗地前端部，构成显著的地貌反差。这一狭长丘陵地带的山岭在地貌上呈北北东向雁行排列。由南往北的山岭依次为太阳山山岭、阮山山岭和澧水南岸的大旗山山岭，其主岭高程分别为 560.5m、252m 和 251.1m。前二者呈现向南西翘起的地貌特征，后者反之。此外，与太阳山山岭隔谷相对的北北东向凤凰山山岭，向北东翘起，主岭高程为 378m。这些山岭除大旗山为上白垩统外，其余主要为元古宇板溪群，局部为早古生代海相地层。

在太阳山山岭与凤凰山山岭之间有一近南北向纵谷，其东缘呈线性地貌陡坎。谷内堆积更新世河湖相地层，不整合于板溪群之上。谷地中现今小河的最低高程不足 40m，并且它们被谷内 3 个更新统横向分水岭分隔成 4 个汇聚水系和左行右阶的相对洼地。谷地南、北两端的汇聚水系各自向南、向北顺流，而谷内两汇聚水系集结于凤凰山西缘陡坎下，而后以北西向主河道穿切凤凰山东南段注入岗前河湖之中。

值得注意的是，在凤凰山山岭上出露大片晚白垩世山麓相红层，长约 4km，宽约 3km，其西缘为第四纪纵谷。显然，此处山麓相红层在其西侧找不到相应剥蚀正地形。它暗示这一南北向纵谷为断层谷，其形成时代可能为古近纪至更新世时期。它导致原为一体的太阳山山岭和凤凰山山岭的分离。由于太阳山山岭和凤凰山山岭反向翘起，故推断纵谷断裂具枢纽运动特征。若将纵谷断裂向北按线性影像特征延伸到澧水南岸，则恰好构成阮山和大旗山山岭的东侧约束边界。那么根据其雁行山岭的排列特征及其卷入的晚白垩世红层可以推断，纵谷断裂的北延是很可能的，并且古近纪末期喜马拉雅运动Ⅰ幕曾发生左旋剪切。

然而，太阳山山岭和凤凰山山岭之间的北北东向纵谷被 3 个中更新世河湖相地层构成的分水岭分隔为 4 个左行右阶的第四纪晚期汇水洼地，这表明中更新世末期以来，纵谷断裂总体呈现右行走滑运动特征。在纵谷断裂南端段肖伍铺乡东侧凤凰山西缘陡坎附近可见古近纪紫红色含砾粉砂岩、泥岩，由北东向南西逆冲于中更新世砾石层之上，断层产状为 330°∠40°(国家地震局地质研究所，1990)(图 4－8)。在肖伍铺红旗水库东岸又见古近纪和中更新世砂质黏土中发育两条断层，产状为 120°～125°∠60°～65°，属逆冲性状，但未切割全新世残坡积层。另外，在桅子湾东公路山前的陡坎探槽也揭示了中更新统被近南北向断层逆断剪切的形迹（中国地震局地质研究所，2004），故综合判定太阳山纵谷断裂为晚更新世以来的活动断裂。

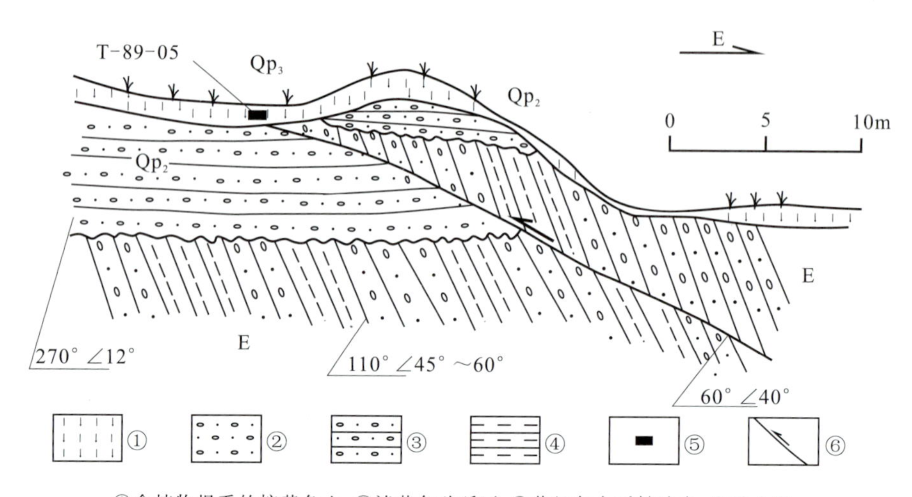

①含植物根系的棕黄色土；②淡黄色砂砾石；③紫红色含砾粉砂岩；④黏土岩；
⑤热释光采样点及样品编号（测年值 13 万～14 万 a）；⑥断裂。

图 4－8　常德北太阳山东侧肖伍铺乡政府东纵谷断裂地质剖面
（据国家地震局地质研究所和湖南省地震局，1990）

此外，在凤凰山山岭之上，见有两条平行发育的北北东向断层——杨陂冲断层和仙峰峪断层，两条断层均长约 12km，切割板溪群和上白垩统。在武岗寨公路边，发现仙峰峪断层露头，产状为 110°∠80°。此外，断层切割板溪群紫灰色砂岩，破碎带宽约 20m，灰绿色糜棱岩带宽约 5m，并且在其延伸线上沟谷呈现负地形。此外，在构造岩中见北北东向破裂，其上的镜面及擦痕表明断层东盘向北东斜向下滑，水平夹角为 45°。显然这一露头揭示了仙峰峪断层曾具有左旋剪压平移-倾滑特征，两断层均未错切上覆中更新世网纹红土，其断层泥热释光（TL）法年龄值大于 100 万 a，综合判定其新近纪末曾有活动。

3. 太阳山西麓断裂

在太阳山山岭西麓，寒武系逆冲于震旦系之上。断层走向北北东，倾向西。沿断层走向发育北北东向线性冲沟，长达 19km。在其附近的大溪冲沟口寒武纪岩石中，发育一北东向逆断层，产状为 135°∠62°，黑色断层泥状物质和片状构造以及细化碎裂岩厚约 50cm。该断裂未切割上覆晚更新世灰黄色黏土层，综合判定其中更新世曾有活动。

4. 临澧-河洑断裂

临澧-河洑断裂走向近南北，长约 70km，成生于燕山期，是太阳山断凸块体的西侧主干构造。它使古生代地层支离破碎，构成临澧-河洑第四纪沉积槽内的残丘。全新世河谷为南北走向，发育于中更新世古宽谷中。钻孔资料显示：该断裂沿线为第四纪早期埋藏谷，岗市至临澧一线新近系至第四系最大厚度约200m。该断裂的卫星影像特征十分清楚。晚更新世以来形成的渐水支流具右旋扭动形态。在河洑至灌溪一线，造成明显的线性坎状地貌，西侧为相对高度60～70m、由砾石组成的Ⅴ级阶地，而东侧为平缓的Ⅰ级阶地。在灌溪曾钻探揭露出该断裂破碎带。该断裂控制了两侧中更新统沉积，西侧中更新统厚达60m以上，而东侧均厚20m左右，这暗示中更新世断层差异运动是相对东升西降，而中更新世末期以来，该断层南段反向运动，为西升东降。经钻探和浅层地震探测揭示，中更新统底界在断裂两侧落差达40m，西高东低。地质地貌分析表明，在断裂通过部位，Ⅰ、Ⅱ级阶地面未遭到明显变动，表明自晚更新世以来，断裂的活动性不甚明显，判定其中更新世末曾有明显活动。

三、地震活动及成因

本次常德地震在江汉-洞庭盆地内形成北东向强震条带，约有10次$4\frac{3}{4} \leqslant M \leqslant 6\frac{3}{4}$级中强震，与稍晚形成的黄冈-霍山中强震条带呈右行右阶展布。后者最大地震为1652年霍山6级地震。20世纪70年代开展地震区划工作时，曾将这一地域地震带定名为“麻城-常德地震带”。显然明末清初的17世纪，江汉—洞庭—鄂东地带至郯庐断裂带曾形成过上地幔控制的长波长地壳应变-释放带，是受北东—北北东向构造系统支配的地壳地震破裂事件，它们与1668年郯城$M8\frac{1}{2}$级特大地震具有时空关联。而太阳山断凸构造系统为1631年常德地震的控震构造，其纵谷断裂和临澧-河洑断裂很可能为孕震破裂构造。

第四节　1856年湖北咸丰大路坝$M6\frac{1}{4}$级地震

一、地震简况

1856年6月10日，湖北咸丰县大路坝发生重灾地震。据地方志记载：“地大震，大路坝山崩，由悔家湾抵蛇盘溪三十余里成湖，压毙居民数百计……”（同治《咸丰县志》）；“地大震，大路坝独甚。山崩十余里，压死三百余家”。（宣统《湖北通志》）（照片4-1～照片4-3）；“地大震，辰巳间大声如雷霆，室宇晃摇，势欲倾倒，屋瓦皆飞，池波涌立，民惊号走出，扑地不能起立……”（光绪《黔江县志》）。

1987年8月18—20日，国家地震局在河北省秦皇岛市召开了“1856年湖北咸丰大路坝地震研究报告评审会”，刘锁旺等全面介绍了1976年5月和1980年10—11月两次野外调查成果。评委会确认：这次地震是构造地震，而不是山崩地震，大规模山崩和滑塌

注:照片为地震堰塞坝遗址全貌,右侧为地震堰塞坝。坝长1.5km,高50~70m,顶宽100多米。

照片4-1 清咸丰六年五月八日(1856年6月10日)咸丰县大路坝历史地震遗迹照片(韩晓光 供图)

照片 4－2　地震崩滑体局部(镜向:N)

照片 4－3　地震崩滑体局部(镜向:E)

是地震引起的；综合各方面因素和各种方法估计，将这次历史地震的震级定为6¼级（刘锁旺等，1987）。根据大路坝6¼级地震的宏观影响场特征和所圈画的等震线（图4-9）及其他有关资料，确定宏观地震参数如下。

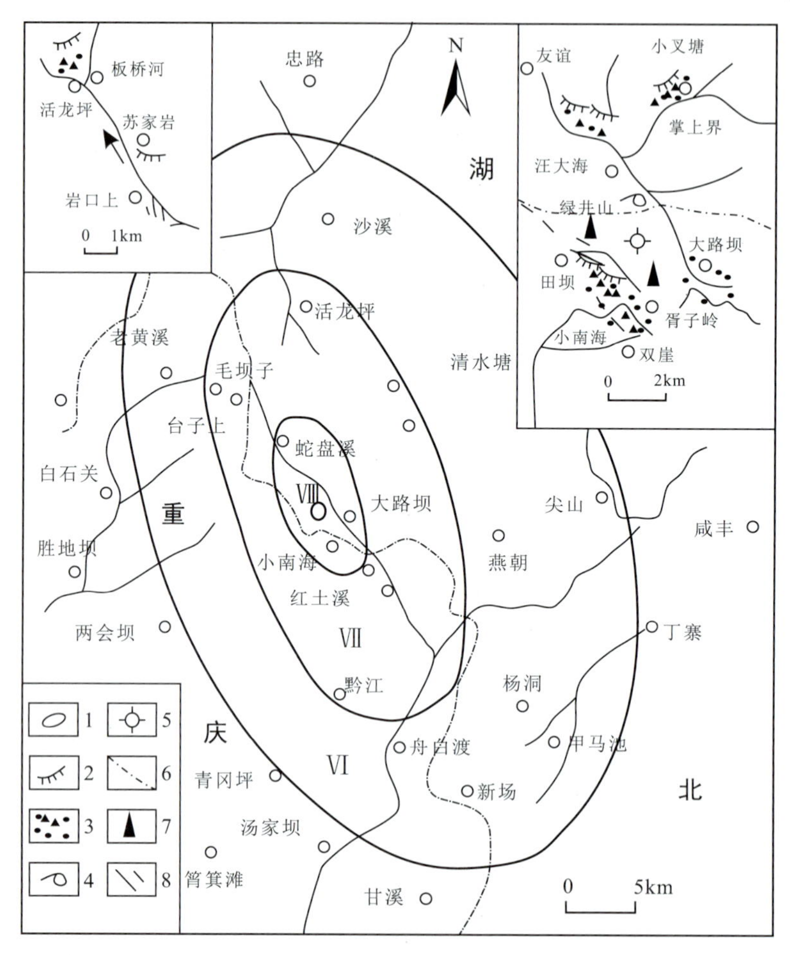

1. 等烈度线；2. 滑坡；3. 崩积；4. 地震湖；5. 震中；6. 省界；7. 山峰；8. 地震缝。

图4-9 1856年6月10日咸丰大路坝$M6\frac{1}{4}$级地震等震线分布图

（据湖北省地震局，刘锁旺和甘家思等，1987）

（1）震中位置：位于咸丰大路坝箭子岭一带。震中地理坐标为N29°42′、E108°48′。

（2）震中区烈度：Ⅷ$^{+}$度。

（3）震源深度：利用刘正荣量板法作图，得衰减系数为1.5，震源深度约为10km。

（4）地震断层长度：据陈颙测定震源参数的宏观方法，兼顾极震区地震破裂现场调查资料，综合估算其地震断层长度约为20km，倾向北东，倾角45°。

（5）断错运动形式：根据震兆异常和同震影响场特征，推断发震断层具左旋位错破裂方式。

二、构造地质背景

震中区位于鄂西重力梯度带西缘，重力异常值为$-110\times10^{-5}m/s^2$，为鄂西南负磁异常区平稳腹心地带，化极延拓10km磁异常值为$-80\sim-90nT$。长江三峡东西向人工地震剖面的奉节点位，估计震中区上、中、下地壳各厚约15km。

这次较大中强震的相关区域构造带为北北东向恩施-黔江断裂构造带。它由两个构造亚带组成：其一为晚白垩世以来间歇性鄂西隆起轴部恩施-咸丰-黔江纵张断凹带，走向北北东，宽20～30km，长达250km，发育串珠状晚白垩世断凹盆地，即建始盆地、恩施盆地和黔江盆地，沿线边界断裂为上地壳建始断裂、恩施断裂、咸丰断裂和黔江断裂，它们普遍具有朝向堑状断凹带内的高耸断崖造貌形态。其二为恩施-咸丰断凹带南半部西侧的北北东向毛坝-郁山镇-彭水断裂带。它与前述断凹带西缘相距20～30km，具有在北东走向上与建始断裂相连接的线性延伸特征。两亚带之间的大路坝地块向北东方向收敛，为中低山、低山造貌形态，切蚀强烈，地形支离而凌乱，缺失较大范围的高原夷平面；显著发育由泥盆系、二叠系水平岩层构成的高耸中低山平顶孤峰，如著名的二仙岩和八面山即位于震中区南、北两翼。

恩施-黔江断裂构造带具有如下变形破裂特征：第一，单条断裂往往由一系列断层组成宽变形带，宽度可达1～2km。第二，主断层具宽10～50m松散密集的破裂带，松散的断层角砾岩和间夹变形透镜体群的片理化构造岩与断层泥平行并存于破碎带中，构造岩总宽度普遍不大于15m，片状构造岩与断层泥宽1m左右，此外，破裂带中见有排列整齐的剪切微菱形角砾和经受变形改造的磨砾岩。第三，大量的构造岩年代学鉴定值散布于整个更新世，黔江断裂内中坝和白井寺含碳断层泥年龄值(^{14}C)分别为(20 510±245)a和(16 110±155)a。第四，最新的野外考查发现黔江断裂在南沟切割上更新统证据，彭水断裂在保家、岩关亦有切错晚更新世阶地面的迹象。这些最新的年龄值和1856年大路坝6¼级地震足以说明恩施-黔江断裂构造带在第四纪具有一定的新活动。

三、地震成因

大路坝6¼级中强震位于上地壳大路坝条状断块内。该断块宽20～30km，向建始方向收敛。这种部位实际上是鄂西隆起轴部北北东向堑形断凹带的左肩。如图4-10所示，在震中东侧，北北东向黄金洞断裂（倾向南东）与黔江断裂（倾向北西）作左行左阶枢纽形式，而在震中西侧，北北东向毛坝断裂与郁山镇断裂作左行右阶形式。震中区则发育一组北北西向低序次断层，即老黄溪-栅山断层（长40km，倾向南西，倾角70°～75°）、枷担溪断层（长15km，倾向北东，倾角50°～60°）和活龙坪断层（长30km，倾向北东东，倾角50°～70°）。据刘锁旺等(1987)实地调查，活龙坪断层断续延至震中部位，破碎带呈楔状，上窄下宽，构造岩以碎裂岩、片状岩和角砾岩为主，整个带宽约60m；地震时，沿带出现一系列地表破裂和山崩、滑坡，如箭子岭北西向地震断裂横向错截东西向基岩山脊，形

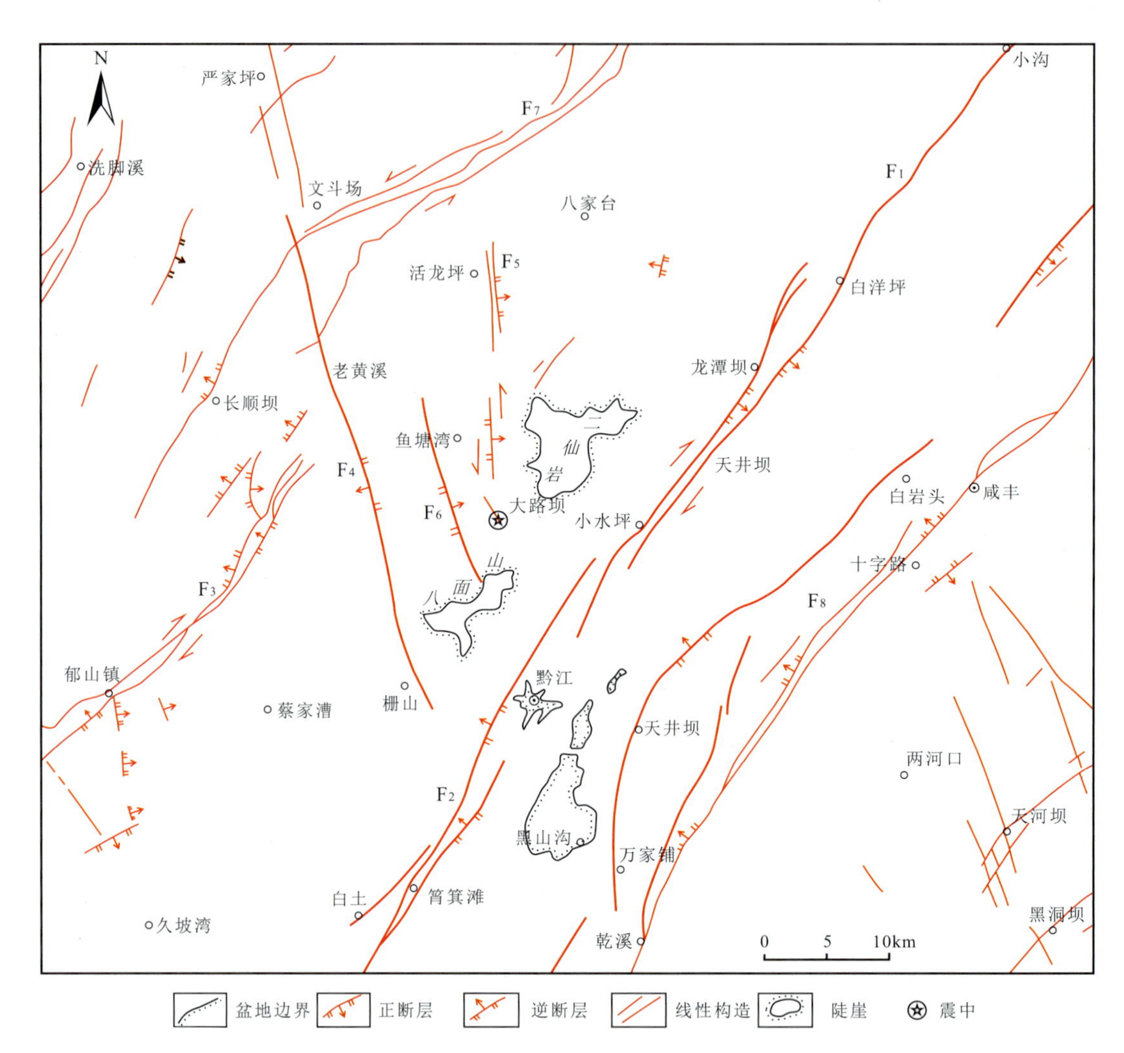

F_1. 黄金洞断裂;F_2. 黔江断裂;F_3. 郁山镇断裂;F_4. 老黄溪-栅山断裂;F_5. 活龙坪断裂;F_6. 枷担溪断裂;F_7. 毛坝断裂;F_8. 咸丰断裂;K_2. 晚白垩世蚀余盆地。

图 4-10 咸丰大路坝 $M6\frac{1}{4}$ 级地震震中区断裂构造略图(据刘锁旺等,1987 修改)

成宏大笔直壮观的地震断崖,西盘相对向南东 160°方向运动,形成最大的大路坝左旋错落崩滑体,即大垮岩、小垮岩崩滑体。据此认为,活龙坪断层是大路坝 $M6\frac{1}{4}$ 级地震的破裂响应构造,或者说它是正在发育的地震破裂断层——孕震构造。由于北北东向恩施-咸丰-黔江断凹带具有区域构造属性,在鄂西隆起轴部能产生较为协调一致的主滑动位移分配,因而可将黄金洞-黔江断裂带作为主要控震构造,参与控震的尚有毛坝-郁山镇-彭水断裂带。当控震构造右旋剪切滑动时,大路坝条状断块遭受右旋剪切应变,导致块内北北西向低序次断层出现左旋地震剪切破坏。此次震前震后在北北西向发震构造的南东象限出现花垣、龚滩、彭水、郁山等处井泉喷溢现象,也佐证发震构造具有左旋剪切破裂的运动学特征。本区现代地震应力场（P：NE－SW，T：NW－SE）也满足这一运动学特征。

值得指出的是，大路坝条状断块沿北东向边界断层右旋滑动时，必然会在地块内产生北北西向相对挤压隆起地段，震中区所出现的高耸中低山——八面山（1720m）和二仙岩（1657m）绝非偶然；1931 年利川清坪 $M5.0$ 级地震即位于毛坝北侧的另一隆起分水岭地带，它与大路坝 $M6\frac{1}{4}$ 级地震震中仅相距 55km，其间恰好为相对低凹地带。

1856 年 6 月 10 日鄂渝交界处咸丰大路坝Ⅷ$^{+}$度（$M6\frac{1}{4}$）地震的调查成果，确立了鄂西三峡地区中强震强度上限 M_u 6.5，是该区地震地质基础研究的里程碑，为长江三峡地区水电开发和其他国家重要工程项目抗震设防提供了背景依据。

第五节　1917 年安徽霍山 $M6\frac{1}{4}$ 级地震

一、震害简况

1917 年 1 月 24 日安徽霍山发生 $M6\frac{1}{4}$ 级地震（注：上海徐家汇地震台记录为 $M6.5$ 级）。据记载，地震时，声如雷鸣，屋瓦揭飞，墙壁倾颓，山石崩坠，死伤数十人。此后，霍山附近日必数震，但不甚烈，有时仅闻山鸣……据调查，极震区内，陈旧房屋大多数破坏，许多倾倒。烂泥坳一带儿道石桥震塌，太子庙拱桥损坏，附近山脊裂开。黑石渡、落儿岭、鹿旺石铺、烂泥坳一带道路和稻场出现地裂缝，河边沙滩地裂缝喷砂冒水。

据分析，在极震区（Ⅷ度）长轴方向上，土地岭、烂泥坳、落儿岭一线震害较重，宏观震中位于落儿岭附近（图 4－11）。图 4－11 中地震等震线由湖北省地震局（原武汉地震大队）调查组 1973 年确定，震中地理坐标为 N31.3°、E116.2°。

二、构造地质背景

霍山地震区位于晚古生代—中生代早期秦岭缝合线地带大别古岛弧的前陆断裂带，在华北沉降区现代大震活动的影响下，可能成为其大震区最南缘的滑动构造带，具有频度较高的中强地震水平。北淮阳断裂带属前陆断裂带组成部分，其南缘有两条重要构造：其一为桐柏-磨子潭断裂，其二为金寨断裂。它们是大别断块向北翘起上升的边界控制构造，地貌反差显著。中生代以来，上述两断裂所处地带的变质混杂岩体和元古宙结晶岩系被肢解，出现一系列侏罗纪火山碎屑建造的盆地和白垩纪—古近纪盆地。显然，其边界地带上地壳介质是不均匀的。航磁资料表明，商城、金寨、霍山、舒城一线存在负异常，而尤以霍山地区最低，达－500nT。这至少是该边界介质破碎的佐证。此外，大别断块区内霍山至英山一带地壳厚度约为 42km；霍山、金寨南部莫氏面变化剧烈。

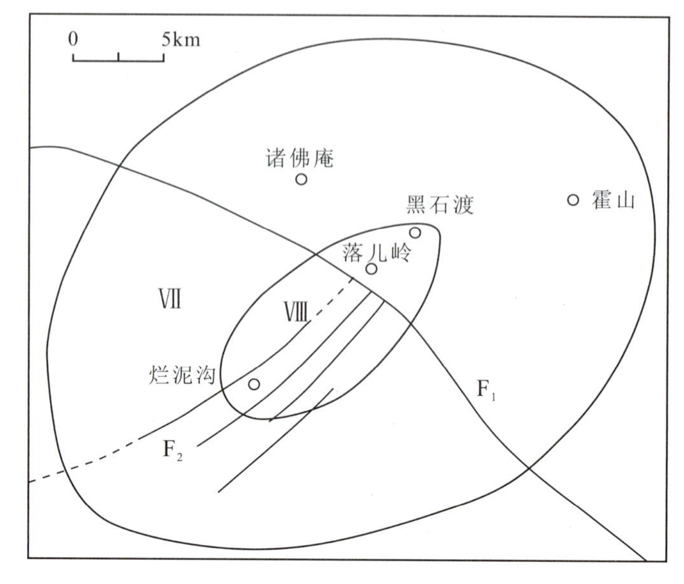

F_1. 磨子潭断裂；F_2. 土地岭-落儿岭断层组；Ⅶ、Ⅷ为地震烈度。

图 4-11　1917 年安徽霍山 $M6\frac{1}{4}$ 级地震的震中构造及等震线图(据湖北省地震局，1973)

三、震中区构造分析

野外地质考查表明，震中区发育北东向帚状落儿岭断层组，其展布宽约 4km，长约 30km，破碎带各宽百余米，曾右旋切断基性岩体。落儿岭断层组均表现为深切“V”形断层谷，谷中可见离堆山，谷坡多跌水。据宏观等震线计算和震中区发震构造调查，该帚状构造中的土地岭-落儿岭断层为发震构造；产状：走向北东 50°，倾向西北，倾角 45°(钻孔产状)；震源深度 11km，破裂长度 12km。这一地震亦发生在土地岭-落儿岭断层组与桐柏-磨子潭断裂的会而不交之处。就三维空间而言，桐柏-磨子潭断裂为深断裂，而土地岭-落儿岭断层组为浅切割构造，构成立交结构。因此，反“S”形弯曲的桐柏-磨子潭断裂的加速左旋蠕动有可能导致旁侧小断裂累积应变而失稳扩展。此外，土地岭-落儿岭断层组北东端距霍山地堑(J-K-E)西南角约 10km。该盆地总体呈近东西向菱形展布；但西南角延伸较远，指向邻近的落儿岭震中。由此可见，霍山地堑西南角的开口破裂和土地岭-落儿岭断层组北端的失稳扩展也是孕震的重要原因之一。据姚大全(2006)调查，在霍山盆地发现许多北西向和北东向次级断裂切割中更新统阶地红土砾石层及下伏侏罗系—白垩系红层。

四、地震活动分析

1970 年以来，霍山地区小震活动频繁，最大震级为 $M4.9$ 级。地震分布于土地岭-落儿岭断层组和桐柏-磨子潭断裂上，形成共轭地震条带。显然，这是它们同时活动的结果。然而，罗田天堂寨至霍山漫水河、落儿岭一线地震强度较高，10次3级以上有感震几乎全部分布于此带。值得指出的是，1973年3月11日$M4.8$级、$M4.9$级地震和2014年4月20日$M4.8$级地震发生于北东向土地岭-落儿岭断层组与北西向桐柏-磨子潭断裂的交会处，大致相当于1917年$M6\frac{1}{4}$级地震震中部位。1917年霍山$M6\frac{1}{4}$级地震后，霍山曾出现$M5\frac{1}{2}$级最大余震，1934年曾发生$M5$级中强震，1954年发生六安-合肥$M5$级地震，尤其是20世纪70年代以来，霍山地区一直处于北东向地震活动密集区，以及六安、霍山、英山、罗田小震条带，鲜明地体现了北东向地震破裂构造线的影响。这种现象在上一个地震活动周期即已存在，该地震破裂构造线上曾发生1652年霍山$M6.0$级地震等。它表明北东向浅切割地震破裂构造线与大别山北麓北西西向深断裂系统（如桐柏-磨子潭断裂、金寨断裂、六安断裂等）形成立交式孕震构造系统。此种孕震型式源于大别断隆活动与其次生横向转换剪切破裂的演化进程。

第六节　1932年4月6日湖北麻城黄土岗M6级地震

一、震害简况

1932年4月6日麻城北黄土岗乡发生$M6$级地震（注：上海徐家汇地震台记录为$M6$级）。据记载，“北乡地震，民房多倒塌，三月鹰山尖等处地裂，黑水涌出……，又有大石五、六方飞落郭家畈田中。”

据调查，极震区沿举水河谷展布，长轴呈北北东向，民房破坏严重，河谷地带出现地裂缝，喷砂冒水现象普遍。宏观震中位于鹰山，它包括山腰上的古洞寺和坡脚下的郭家畈（照片4-4，图4-12）。1973年夏，徐卓民、柴法清、甘家思等5人补充调查了震中区地震构造，确定宏观震中地理坐标为N31.37°、E115.07°。

二、构造地质背景

麻城黄土岗$M6$级地震发生于大别断块和桐柏断块的边界构造带上，即麻城-团风断裂。由于两断块新构造运动呈相对右旋，桐柏断块东北角出现强挤压南北向条状上升断块。该条状断块亦为麻城-团风断裂的上盘次生块体，呈现剥蚀强烈的陡峻低山地貌形态。这次地震位于大别幔陷与桐柏幔陷之间的相对幔隆带上。大别断块和桐柏断块的相对右旋，导致麻城-团风断裂带黄土咀至商城段（北段）为压剪性，黄土咀至团风段（中段）为张剪性，梁子湖段（南段）为剪张性，表现出同一断裂的不同力学性质。两断块还呈现显著的垂直差异运动。在麻城盆地东缘，地貌反差强烈：断裂东侧为中低山、低

照片 4-4　1932 年麻城黄土岗 $M6$ 级地震震中北北东向鹰山尖断裂在山顶处产生走向破裂、喷冒黑水（镜向：N）

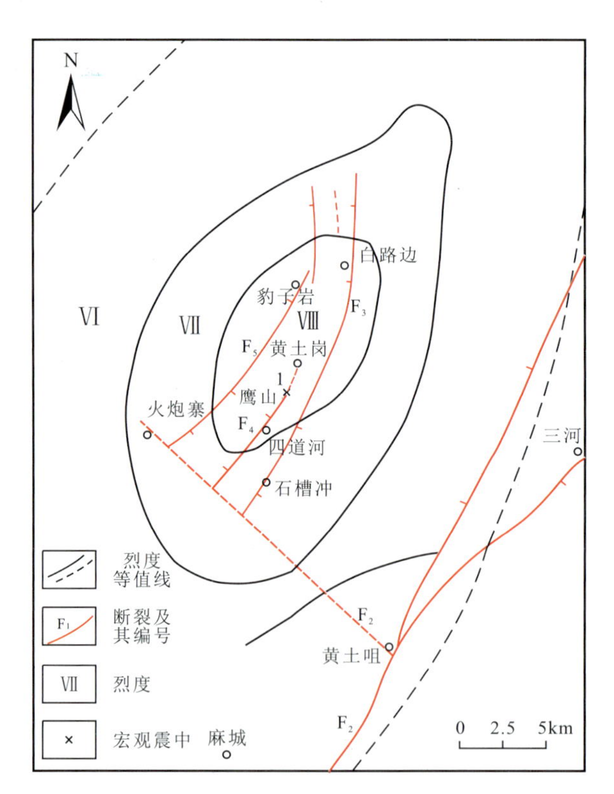

F_1. 麻城-团风断裂；F_2. 黄土咀-王福店断裂；F_3. 白路边-石槽冲断裂；
F_4. 鹰山尖-四道河断裂；F_5. 火炮寨-豹子岩断裂。

图 4-12　1932 年麻城黄土岗 $M6$ 级地震的震中构造及等震线图（据湖北省地震局，1973）

山，西侧为红层(K_2—E)岗地。麻城白垩纪—古近纪盆地向北收敛，向南发散。盆地红层中见有多期玄武岩，或侵位，或喷溢。这种深切的开口裂陷构造的收敛端，即是裂缝扩展的孕震闭锁段(积累单元)；盆地区则为蠕滑段(调整单元)。

三、震中区构造分析

黄土岗北东向帚状断裂带是麻城-团风断裂北段上盘条状断块的西缘边界构造。它由3条断裂组成：东为白路边-石槽冲断裂，西为火炮寨-豹子岩断裂，中间为鹰山尖-四道河断裂。东、西两断裂长约20km，北段向北西倾，南段向南东倾，倾角均在70°以上，为枢纽构造。东断裂由南往北破碎带宽度由10余米递增为数十米，矽化带亦同步增宽；西断裂由北向南矽化破碎带宽度由10余米增大为百余米；位居其中的鹰山尖-四道河断裂长度不足5km，倾向北西，倾角60°～75°，其矽化破碎带宽约500m，往南过四道河后迅速尖灭。此帚状断裂带平均展布宽度约为5km，东、西两断裂之间呈现第四纪槽地。北东向黄土岗帚状断裂构造东侧为向北翘升的低山、中低山条状断块山地，西侧则多为向北缓慢上升的低丘陵-丘陵-低山掀斜地貌面。其孕震构造东、西两侧构造地貌差异鲜明。此外，黄土岗帚状断裂南端受截于北西向黄土咀-王福店左旋走滑断裂。根据黄土岗 $M6$ 级地震的等震线，地震断层倾向北西，倾角65°，长13km，系由南往北的单侧破裂，震源深度约为8km。显然，黄土岗北东向帚状断裂带为孕震构造系统，麻城-团风断裂为其控震构造。

根据历史地震序列，如1913年麻城 $M5$ 级地震、1925年商城 $M5$ 级地震、1932年黄土岗 $M6$ 级地震和1959年潢川 $M5$ 级地震，均分布于麻城-团风断裂和近邻地带，这显然表明了麻城-团风断裂的控震作用。

第七节 1954年2月8日湖北蒲圻(今赤壁)$M4\frac{3}{4}$级地震

一、震害简况

据《关于蒲圻县地震调查报告》(周光等，1954)、《再考蒲圻地震》(甘家思等，1977)，此次地震震中在蒲圻县城东，时间为1954年2月8日04时57分56秒，震级为 $M4\frac{3}{4}$ 级，震中烈度为Ⅵ度，宏观震中地理坐标为N29.70°、E114.03°，震源深度8km(图4－13)。

Ⅵ度区：沙田乡古庙屋顶震塌，倒房六间，庙内居民闻震声急躲于床下，得免伤亡，庙东0.5km处，某家两封檐被震劈。潭头乡房屋掉瓦，墙壁旧有裂缝加宽。大梅乡有一木架结构的破庙，其前檐横檩东端被震脱榫，下落尺许。石坑渡破庙之后东墙呈垂直向裂缝，北墙旧有裂缝加宽，瑞碧滩倒房檐墙两间。

Ⅴ度区：金狮乡有个别房檐落瓦。门环碰击有声，碗碟碰响。荆桃乡有睡者惊醒，悬挂物摇摆。城关税务局房上落瓦，桌上茶杯震落。

有感范围（Ⅳ度区）：东北至官塘驿，南至崇阳县部分地区，西至湖南临湘县境内，北至西凉湖以南二区、六区。有感半径20余千米。

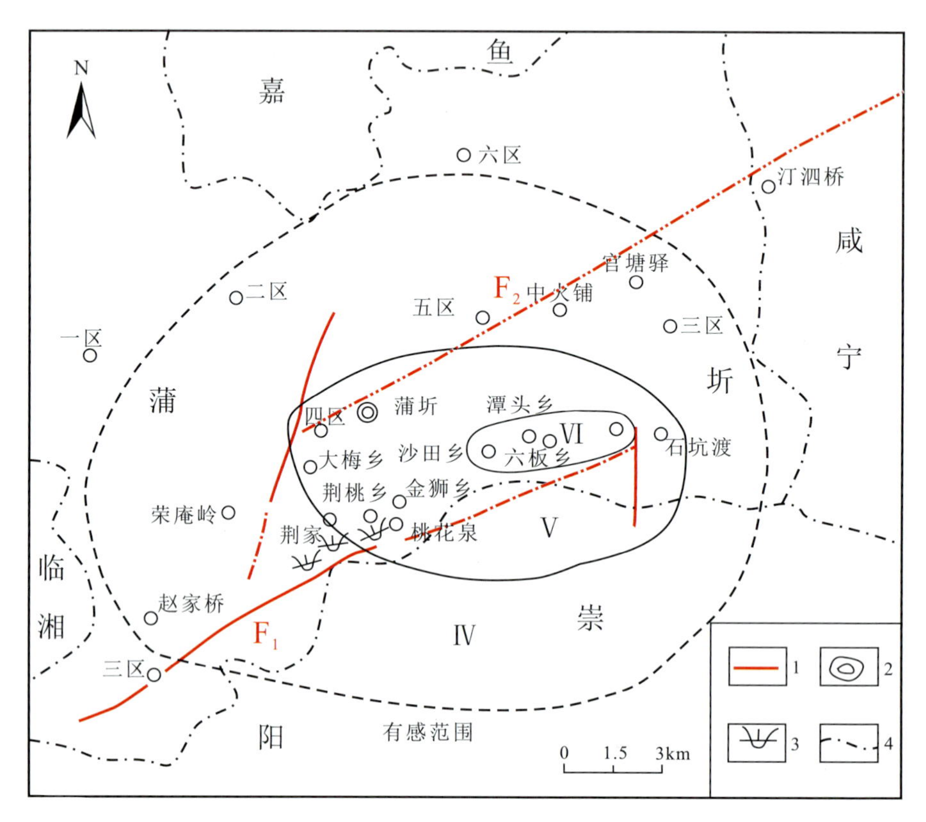

F_1. 赤壁-咸安断裂南西段（五洪山-羊楼司断裂）；F_2. 赤壁-咸安断裂北东段（汀泗桥-官塘驿断裂）；

1. 断层；2. 等烈度线；3. 温泉；4. 省、县界。

图4-13　1954年2月8日蒲圻（今赤壁）$M4\frac{3}{4}$级地震等震线图

［据中国科学院地球物理研究所，1954；湖北省地震局（原武汉地震大队烈度区划组），1977］

二、构造地质背景

震中区位于下扬子台褶带南缘蒲圻北东—北东东向构造带内。燕山运动的强烈活动致使这里的北东向褶皱发生变异，并发育一系列北东—北东东向和北西向断裂。喜马拉雅运动影响本区，主要表现为差异抬升，北东向赤壁-咸安断裂北侧为低丘陵、岗地、河湖地貌，其南侧为丘陵、低山地形，沿断裂多处发育鲜明的断层三角面。蒲圻构造带西延至长江边，为沙湖-湘阴大断裂所截。此断裂为两湖沉降区的东界，其形成时代为印支期—燕山期。新近纪以来，受沙湖-湘阴断裂影响，蒲圻构造带部分断裂有所复活。

三、震中区构造分析

蒲圻地震发生于赤壁-咸安断裂南西段五洪山-羊楼司断裂，它起自临湘县南东，经羊楼司、赵李桥，过五洪山(温泉)达陆水水库之中，长达40km以上，倾向南东，倾角50°～70°。在五洪山一带，出露北东东向矽化破碎带，并伴有温泉群出现，最高地表水温达65℃，陆水两岸志留纪地层产状异常。五洪山北东向矽化破碎带最宽处约30m，倾向南东，倾角50°，并且沿走向向东延展约6km，继而向东隐伏，倾伏角达20°～30°。五洪山矽化破碎带与奥陶纪、志留纪地层的接触处见有宽1～3m的裹有矽质角砾的杂色未胶结断层泥，温泉群沿带分布，地表水温为35～65℃。五洪山-羊楼司断裂东延进入陆水水库，在石坑渡一带与一南北向构造带反接复合。

地震考察表明，陆水顺南北向构造带流动，至石坑渡便突转90°直角弯，变为近东西向，沿发震主干构造向西流去。陆水西向河道本应经桂家畈、大田畈宽谷后，再改向北去，但中更新世末或晚更新世在桂家畈与大田畈之间形成了一近南北向隆起，迫使陆水从桂家畈直转向北，切割上志留统的石英砂岩，形成陡峻的峡谷。今陆水水库主坝就修建在石英砂岩的峡谷段，长1km多的土石副坝就坐落在桂家畈与大田畈之间第四纪小型横向隆起上。陆水河道的变迁及流向突变都从侧面体现了震中区两种构造的新活动性。

综上所述，本次地震是由五洪山-羊楼司断裂的新活动所产生的，震中石坑渡一带既是该发震主干构造行将消失的端点，也是南北向构造带与其交会的复合部位，其震源亦可能位于矽化构造断裂带与结晶基底的东端交会点上。$M4\frac{3}{4}$级地震等震线长轴方向呈北东向也表征了五洪山-羊楼司断裂为其发震主干构造。

据史料记载，明、清两朝和民国年间，蒲圻、临湘一带均有地方有感震。1954年2月8日蒲圻$M4\frac{3}{4}$级地震之前，发生3次有感震，震级为$M3$～3.5级。主震之后，出现11次有感震。最大一次余震发生于1955年1月2日，有感半径至少为20km，震级可能为$M4$级。显然，蒲圻地震为前震、主震、余震序列，体现了五洪山-羊楼司断裂宽大矽化破碎带的非均匀介质特征。

第八节　1961年3月8日湖北宜都$M4.9$级地震

一、地震简况

据长江水利委员会办公室三峡台网测定，1961年3月8日宜都县潘家湾发生$M4.9$级地震。据中国科学院中南大地构造研究室(1961)调查成果，震中区倒房23间，墙壁普遍裂缝，受损房屋600间，老龙坪、侯家圹、柏竹坪3处地裂缝，呈树枝状，最大宽度约10cm。叶子坑满坑水震后干涸。1961年震后调查，将震中烈度定为Ⅶ度，震中区Ⅷ度长轴为南北向，长、短轴长度分别为3.6km和2.3km，震源深度达14km。震中位于老龙坪一带（图4-14），宏观震中地理坐标为N30°17′、E111°12′。

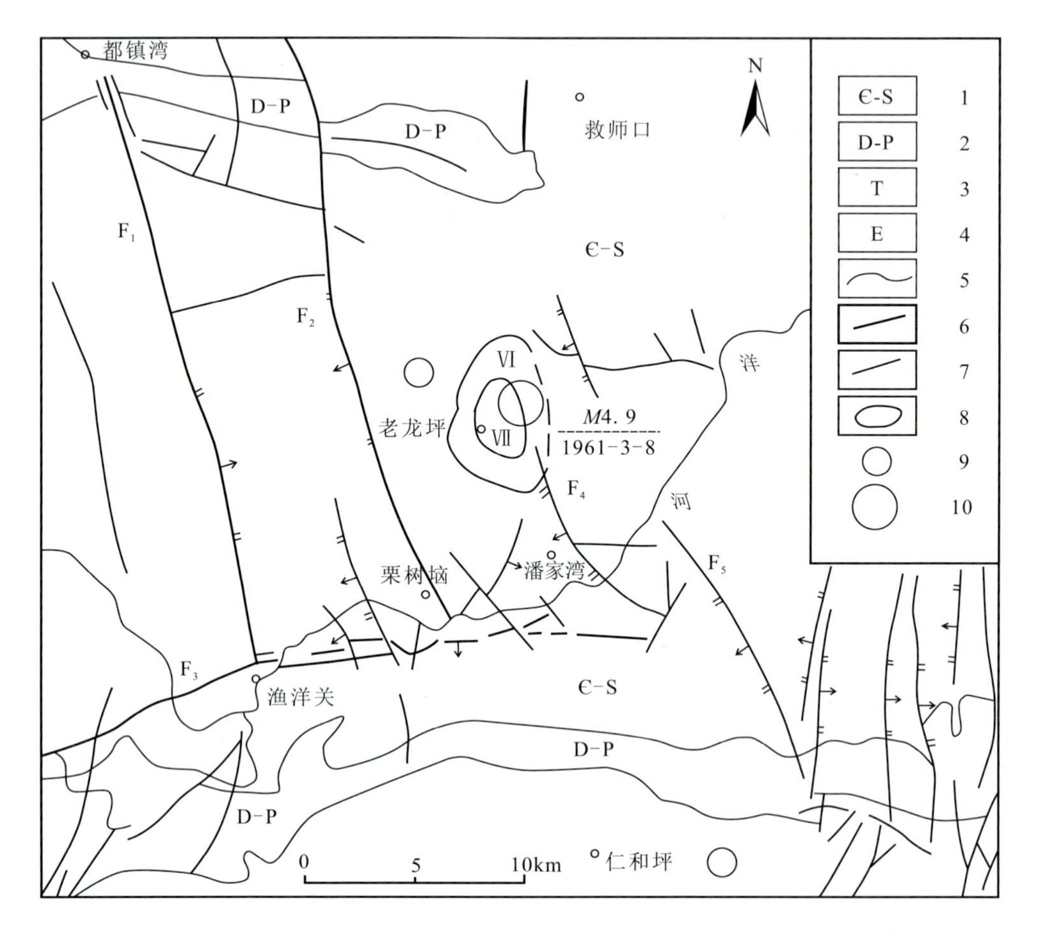

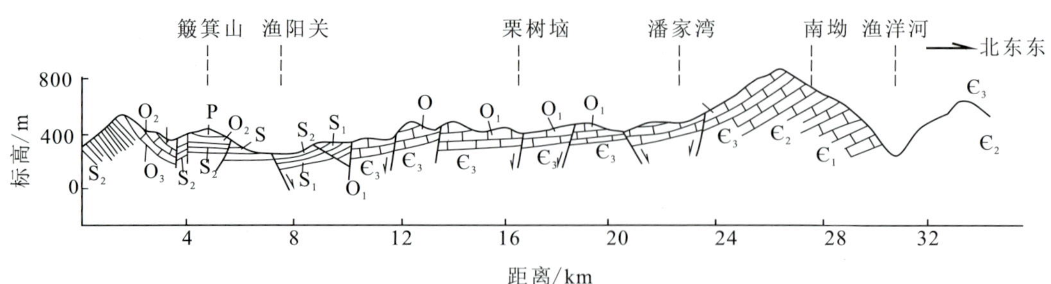

1. 寒武系—志留系；2. 泥盆系—二叠系；3. 三叠系；4. 古近系；5. 地质界线；6. 区域性断裂；7. 一般断裂；8. 极震区等震线；9. M_S=2～3级地震；10. M4.9级地震震中；F_1. 仙女山断裂带南段；F_2. 松园坪断裂；F_3. 渔洋关断裂；F_4. 潘家湾断裂；F_5. 大风口断裂。

图4-14　1961年3月8日宜都潘家湾M4.9级地震和震中区断裂构造（据李安然等，1996）

二、构造地质背景

震中区位于鄂西北北东向重力梯度带中，布格重力值约-70×10^{-5}m/s；航磁延拓10km化极磁异常值为$-30\sim50$nT；上、中、下地壳厚度分别为9km、11km和17km。

本次地震发生于近东西向长阳复背斜南侧的渔洋河背斜轴部，震中与横切长阳复背斜的北北西向仙女山断裂带(长约90km)南段桥沟断裂相距约12km，但与隶属于仙女山断裂带的北北西向松园坪断裂(长约40km)仅相距5km，此外，与近东西向渔洋关断裂相距约12km。震中区位于北北西向潘家湾断裂(长约10km)北西端，其相邻地带亦发育次级北北西向至南北向次级小断层。据1：20万地质图，自燕山期以来，仙女山断裂带右旋断错剩余变形高达6km，其东侧的松园坪断裂右旋断错剩余形变高达2km，并且两者之间构成基底上升性地垒。大量的新构造活动研究表明，仙女山断裂带沿线发育断层谷、断层垭口、断层崖，线性影像极为清晰；变形带宽约1km，松散破碎带可达数十米至近百米，松散的断层角砾岩和片理化剪切带普遍宽达10m左右，都镇湾镇松林口见有两处断层切割中、上更新统冲洪积露头。大量的构造岩采样断代值为更新世，已知最年轻的断层泥状物质年龄值为(3.6±0.25)万a(青林口，TL法)、(2.9±0.13)万a(晓溪，^{14}C法)，并在界垭、黑槽和晓溪发现某些疑似与晚更新世末期古地震相关的断层堆积和构造岩形变。周坪地震台跨断层基线测量显示了仙女山断裂带长趋势右旋剪张活动，现代小震沿断裂分布。

三、地震成因

1961年3月8日潘家湾$M4.9$级地震前26分钟，在距$M4.9$级主震北西5km部位发生$M_L3.0$级前震，随后半天内发生5次$M_L1.8\sim2.6$级小震，除1次偏离主震北东方向约5km外，其余4次与前震、主震排列成北西走向，线性展布长度约12km。这一地震线性分布长度与主震震级是相容的，也相对证明宏观震中区等震线基本正确。地震序列属前震、主震、余震型。

根据宜昌地区地震平均应力场(P：NE－SW，T：NW－SE)和周坪地震台基线测量显示的仙女山断裂带趋势性右旋剪张运动，可将仙女山断裂带、松园坪断裂和震中区一系列北北西向小断层作为右旋断错平移系统，并且仙女山-松园坪断裂带的滑动导致其南端段东侧邻近地带形成剪应变累积区。这与单断层右旋断错的模式是一致的。由于震中区北北西向潘家湾断裂长约10km，其南端与东西向渔洋关断裂东端相交，西距松园坪断裂5km，并与其东侧的北北西向大风口断裂(长约15km)构成宽约3km的右行右阶岩桥。因此，在北北西向右旋平移断错系统中，北北西向潘家湾断裂既是左旋逆平移渔洋关断裂东端的转换剪切构造，也是右旋剪切储能岩桥的西边界，其北端孕震扩展是该次$M4.9$级地震的主要成因，依其北西向小震线性分布，岩桥内和大风口断裂北端段亦有相应地震分布。近几十年的地震观测表明，仙女山-松园坪断裂系统确有小震沿带分布，其深部滑动显然是成立的。由于震中区破坏明显，呈Ⅶ度高烈度值，因而这一地震的震源深度很可能不大于10km。

第九节　1964年9月5日湖北郧县M4.9级地震

一、地震简况

据长江水利委员会办公室三峡台网测定，1964年9月5日在郧西与郧县交界处大柳镇木瓜园一带发生M4.9级地震。据中国科学院中南大地构造研究室(1965)宏观调查报告(图4-15a)，宏观震中地理坐标为N33.07°、E110.70°，震中Ⅶ度区内木瓜园一带，人们听到巨响，觉得天旋地转，有的摔倒在地，惊恐万状。二、三类民房土墙掉块，出现裂缝，部分山尖墙震落，檐檩下滑。掉瓦现象普遍，有的甚至全部掉光。砖木结构房屋的灰胶檐瓦及屋脊有零星跌落，个别门楼装饰物跌损。木瓜园、玉皇庙、李家沟和郧西县的元门、太阳坡岩崩石坠普遍，捣毁了梯田坎和庄稼地。木瓜园何茨梁子山脊裂缝宽0.2m，长80m；双坪沟梯田裂缝宽0.1～0.2m，深3m，长6～9m；尚家沟西家明堂有一古墓碑拔榫向南倾倒，其外围墙亦同向倾倒；白水泉地震时冒出黄泥沙水，类似山洪暴发，导致河水浑浊；范家坪、两沟口、陈家河等地的泉眼也冒黄沙水，还有新增泉眼，流量增加，形成小型泥流。Ⅵ度区人们普遍站立不稳，惊慌外逃，民房掉瓦，土墙掉块，有的倾斜，房山尖坍落；个别旧土墙倾倒、砖砌烟囱震裂或倒塌、岩崩石坠，翻山堰滑坡规模较大。

上文之所以详细叙述震中区宏观影响场，其目的在于说明这次较小的中强震造成了震中区较为普遭的民居破坏、岩崩、滑坡和大量泉眼流量增大，冒黄泥沙水，似山洪暴发，只可能是由于震源深度明显偏浅。按刘正荣量板法作图，得到郧县M4.9级地震震源深度仅为6.5km，衰减系数为2.5。这次地震的测震深度为9km，亦显偏浅特征。此外，按测震目录，郧县M4.9级地震的序列为前震、主震、余震型，小震密集范围长45km，宽11km，呈北西西走向，与等震线长轴一致，并且主震及较大前震、余震均集中于这一矩形地震密集区的北西段(图4-15b)。

二、构造地质背景

震中区位于鄂西重力梯度带中，其值为$-70\times10^{-5}\mathrm{m/s^2}$，但在鄂西北重力梯度带呈现向西凸出的形态，它与鄂西北地形向东邻的南襄盆地倾斜有关。震区航磁化极上延10km，异常值为-120nT，呈平缓变化。地壳厚度约为39km。

震中区位于南秦岭印支期造山褶皱带赵川隆起西南缘南化复向斜轴部附近，向北与东西向商南缝合线和山阳-内乡深大断裂的距离分别为60km和35km，向南距北西向两

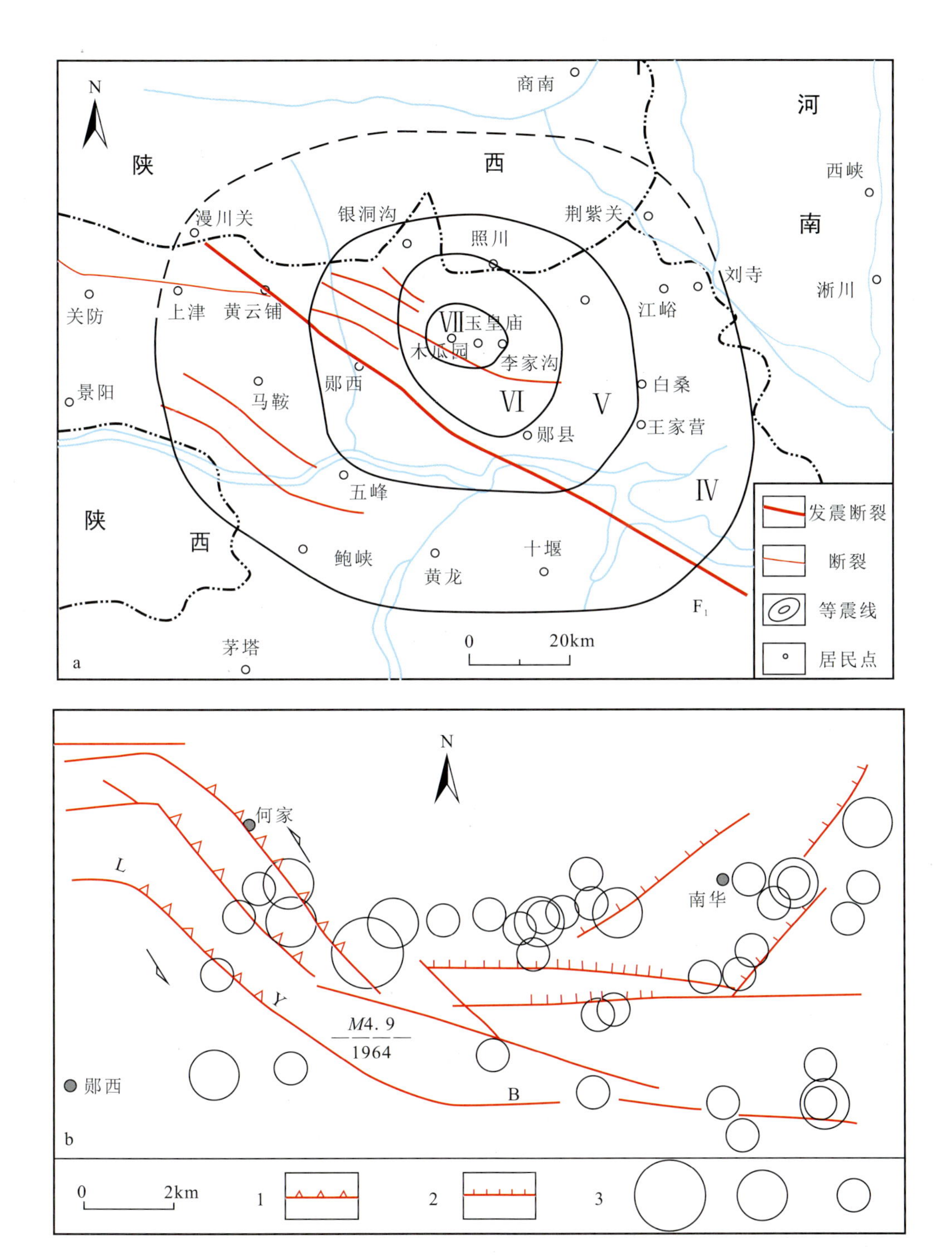

图 a 为郧县 $M4.9$ 级地震等震线图，图中 F_1 为两郧断裂；图 b 为震中区反“S”形断层束，

1. 压剪割阶段，2. 剪张段，3. 地震：$1.0 \leqslant M_S \leqslant 4.9$。

图 4-15 1964 年 9 月 5 日郧县 $M4.9$ 级地震和震中区断裂构造(据湖北省地震局，2000)

郧断裂带约 15km。震中区发育一组近东西向展布的反“S”形断层，并且向西与北西向两郧断裂带依次斜交(图 4－14b)。这一组断层所切割的早古生代以碳酸盐岩建造为主的浅变质岩系，强烈破碎而溶蚀显著，并且断层呈密集而不甚连续的短小线性景象。

两郧断裂带为晚新生代以来的左旋逆平移构造，沿线发育串珠状晚中生代以来的盆地，呈负向断层长谷、断层垭口、断层崖等造貌形态；郧西盆地北缘可见北盘震旦系逆掩于下盘的古近系红层之上；断裂带东端的金家棚断裂和陶岔断层切割中、上更新统，逆断距 8～10m。由于两郧断裂带西段在郧西盆地南、北两缘呈右行右阶几何形式，因此新近纪末期以来的断裂左旋滑动，导致郧西盆地为小型压陷洼地，并同时使盆地东侧的新近纪大湖区挤压隆升，形成火车岭分水岭，上新统和下更新统高耸于丘陵、低山山岭之上，火车岭隆起为南北走向，按上新统—下更新统展布范围，其最小尺度约 8km×15km，并且其北缘抵达这次 $M4.9$ 级地震震中区域展布的近东西向反“S”形断层东南侧。

三、地震成因

据现代地震观测，北西向两郧断裂带和近东西向山阳-内乡深大断裂之间向西收敛的三角状微断块群内，除发生 1964 年郧县 $M4.9$ 级地震外，尚有 1973 年淅川宋湾 $M4.7$ 级、$M4.6$ 级、$M4.2$ 级震群事件。郧西安家镇松树沟 1982 年 $M4.8$ 级地震大量的小震叠加震源平均应力解显示了主压应力 P 轴方向为北东东—南西西，主张应力 T 轴方向为北北西—南南东。因此，两边界断裂带现代左旋滑动和三角状断块的收敛挤压状态与新构造期基本一致；并使郧西压陷盆地及其东侧的火车岭南北向隆起获得现代附加挤压应变；后者(或者说两者)的纵向伸长可能是构成震中构造横向闭锁的条件之一。此外，震中区发育一组近东西向反“S”形断层束，在左旋位错的条件下北西向断层割阶段处于应变累积状态。此外，这次 $M4.9$ 级地震的主震具有较丰富的前震、余震是因为南化复向斜轴部具有先成的多旋回断褶岩石破碎的非均质条件。

第十节　1969 年湖北保康 M4.8 级地震

一、地震简况

据长江水利委员会办公室三峡台网测定，1969 年 1 月 2 日在湖北保康马良发生 $M4.8$ 级地震，测震深度 14km。据中国科学院中南大地构造研究室(1969)调查报告，震中区人们听到雷鸣声，感到地动山摇，房屋欲倒，惊慌外逃。区内个别房屋倒塌，一、二类房屋墙裂缝，普遍掉瓦、滑瓦。某些地段山石崩落。震中区为Ⅵ度，等震线呈三角状，外围等震线长轴为北西向。这次地震使远在百余千米外的钟祥出现Ⅴ度异常区，并且有独立的衰减特征。根据马良坪震中Ⅵ度区内震害描述，马良第四纪山间盆地南部的重阳坪一带破坏较为集中，如马良区重阳公社有两垛新筑的土墙，一垛被震倒，另一垛被震裂；马良区张家湾有两间二类房屋被震塌；马良区五虎公社东北2km有一石灰岩陡崖滚落大石数十块，最大直径在1m以上，并另有四五处滚石。因此，可将这次$M4.8$级地震的宏观震中定位于重阳坪一带(图4-16)，地理坐标为N31.53°、E111.32°。

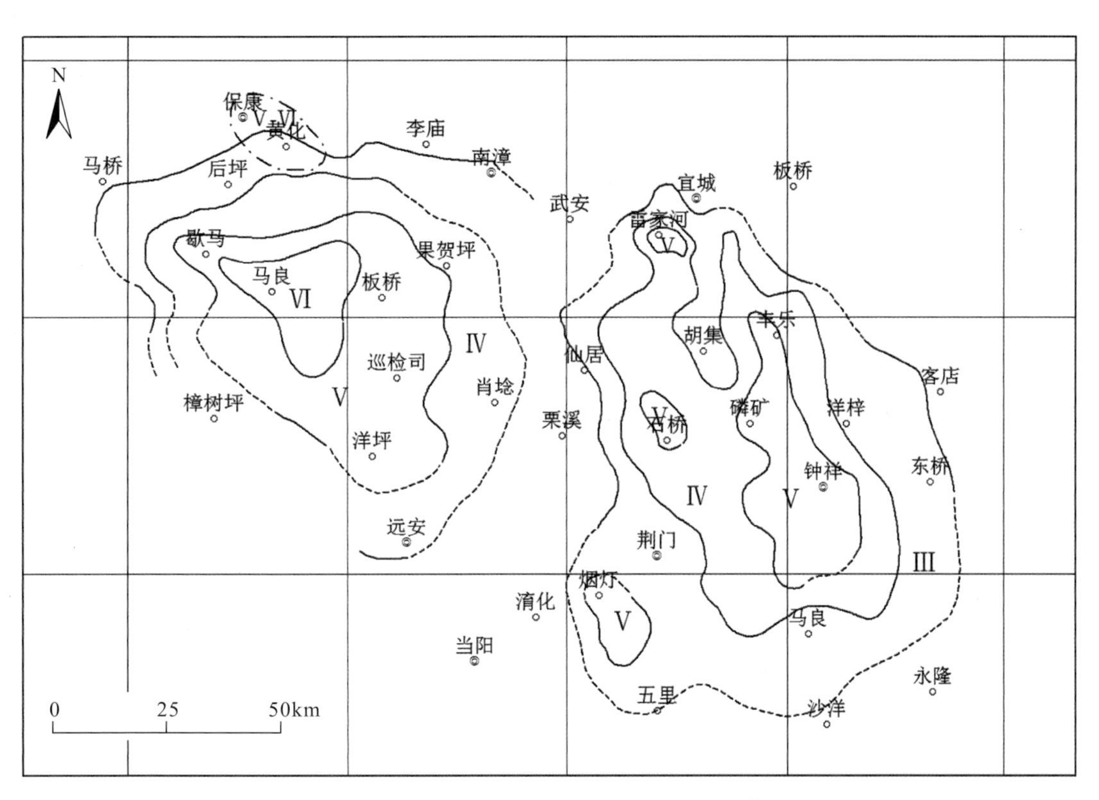

图4-16　1969年1月2日保康$M4.8$级地震等震线图

这次$M4.8$级地震前5年时间内，在保康、远安、当阳、荆门一带形成北西向小震条带，$M4.8$级强震即位于该条带北西端；震后5年内，这一小震条带仍有维持活跃迹象。据此推测发震断裂为北西向，与等震线长轴和小震条带走向一致。

二、构造地质条件

震中区位于鄂西重力梯度带东缘，其值约为$-45\times10^{-5}m/s^2$，亦为神农架-黄陵中等重力正失衡带东缘；航磁化极延拓20km的磁异常值为-30nT，但磁异常线呈南北走向的梯度变化。上、中、下地壳界面埋深分别为12km、20km和37km。

保康$M4.8$级地震位于鄂西隆起次级黄陵断块与鄂中堑垒断块之间的边界构造——北北西向远安断裂带(亦称为通城河断裂带)北端段，即远安地堑收敛段马良断陷盆地(图 4－17)。该地堑形成于晚白垩世,第四纪为继承性堑形盆地。震中区除北北西向主断裂构造外,尚发育北西—北西西向横向转换剪切断裂。马良断陷盆地虽然属于远安地堑带收敛尾端构造,但晚白垩世地层并非连通,两者之间尚有一主要由二叠系、三叠系组成的通城河横向岩桥隆起,恰好位于远安断陷收敛颈部。第四纪马良槽地呈现条状

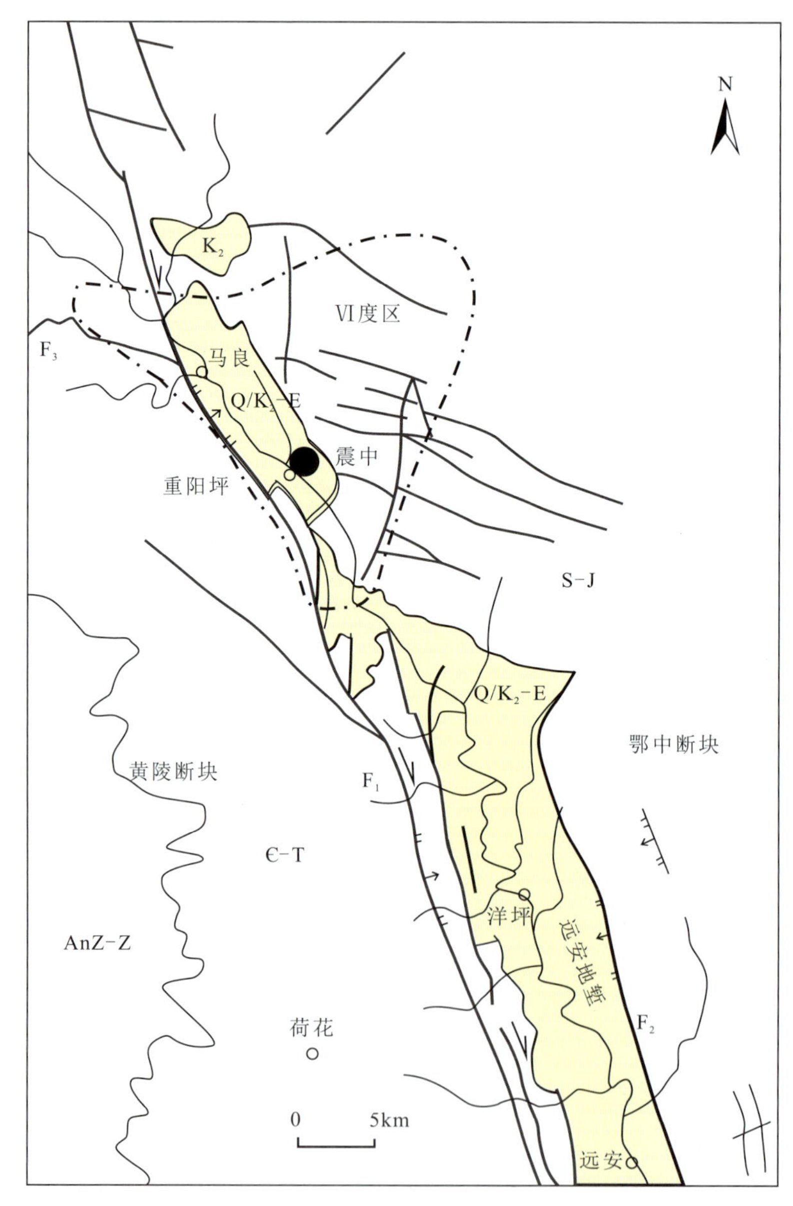

AnZ－Z. 前震旦系—震旦系;∈－T. 寒武系—三叠系;S－T. 志留系—侏罗系;Q/K_2-E. 第四系与上白垩统—古近系;F_1. 远安断裂带西断裂;F_2. 远安断裂带东断裂;F_3. 板庙断裂。

图 4－17　1969 年 1 月 2 日保康 M4.8 级地震和震中区断裂构造

宽谷山间盆地，远安凹陷亦为长达几十千米的箱形宽槽盆地，两者之间的通城河横向隆起被河流狭谷深切。马良盆地长约18km，东西宽约4km，西缘北北西向主断层形成反差强烈的地貌陡坎，断层破碎带宽百余米，局部红层直立，强烈破碎变形。远安断陷长达90km，宽10km，构成宽大的铲形右旋剪张性变形带，西断裂断崖高耸，延绵达几十千米，跨该断裂的水系呈显著右旋偏转形态，某些差异悬殊的断坎下尚发育小型沼泽湿地。南端段东侧发育中更新世跑马岗隆起，上覆中更新世冲洪积砾石层，最大高程为170m，远高于断裂西侧玛瑙河岗地对应地段，表明断裂带中更新世明显活动。现代地震观测表明，沿远安断裂带有感震较多，小震频繁，几乎遍布整个地堑带。此外，1948年保康黄化发生过$M4\frac{3}{4}$级较小中强震，发震构造很可能为隶属于远安断裂带最北端的北北西向保康断裂，它亦为断层宽谷构造地貌形态。

三、地震成因

保康$M4.8$级地震的控震构造应为马良断陷盆地西缘北北西向边界断裂。该断裂高角度东倾，震中即位于狭长盆地南部段。由于马良断陷与远安断陷之间有横向隆起分隔，故马良断陷西断裂具有相对独立的活动段特征。考虑到宏观震中位于重阳坪一带，距通城河横向隆起地表北缘仅约4km，因此，这次地震很可能是马良断陷盆地西断裂南端段受横向隆起影响而闭锁孕震，但其地震破裂构造为低序次北西向断层。

第十一节　1973年河南淅川 $M5.1$、$M4.7$、$M5.0$级震群

一、地震简况

据长江水利委员会办公室三峡台网和湖北省地震局台网联合测定，1973年11月29—30日在河南省淅川县宋湾发生$M_L5.1(M_S4.7)$、$M_L4.7(M_S4.2)$、$M_L5.0(M_S4.6)$级震群事件。极震区位于宋湾—黄庄一带，包括瓦房、太山、袁坪等，室内外的人全部有感，并惊慌外逃，行动不稳。区内房屋大多数掉瓦、脱滑、墙裂及山墙倒塌等。多处山石滚落，农田被破坏。部分泉流量下降或干涸，但也有新泉出现。据不完全统计，共损坏房屋达1904间，其中倒墙的305间，脱滑的744间，墙壁裂缝的288间，墙歪斜的567间，石垒的田埂毁坏755处。宏观震中位于瓦房—曹沟一带，其中曹沟共有房屋76间，造成倒塌和严重危房的67间，占88%，其余9间也受到轻微的破坏。房屋破坏的主要形式表现为干垒石墙倒塌、倾斜和墙体震松、房上溜瓦、土坯墙裂缝；滑坡作用使沟边、陡坡边房屋墙体下陷；半挖半填地基上的房屋震后墙体歪斜或倒塌。

这次地震由原武汉地震大队调查，将极震区烈度定为Ⅶ度（图4－18），但《中国地震历史资料汇编》（第五卷）（1983），将其极震区烈度降为Ⅵ度，原Ⅵ度区降为Ⅴ度区。本书仍将宏观震中部位瓦房—曹沟一带的震害定为Ⅶ度，这与事实相符。地震测震震源深度为9km，与宏观法一致。M5.1级地震的震源机制解为：P轴99°，仰角2°；T轴8.5°，仰角30°；节面A走向328°，倾向北东，倾角68°；节面B走向49.5°，倾向北西，倾角70°。宋湾震群主要集中于2′×2′的线性尺度内，即纬度为32°51′—32°53′，经度为111°30′—111°32′。M5.1级地震前两年，震中区相当平静，最大地震（M5.1级）突然发生，在随后的7h内相继发生M4.7级和M5.0级地震，并且经1个月的波动衰减而基本趋于平静，共发生M_S0.5级以上的地震43次。值得指出的是，M5.1级震群的突发起始时间与丹江水库最高水位（156.73m）同时段，暗示了某种触发相关机制。由于M5.1级震群前震中区缺乏水诱发相关前震活动，因而这次地震主要由构造引发，高水位、大库容具有一定的触发作用，并且随后的浅层小震活动很可能有库水参与作用。

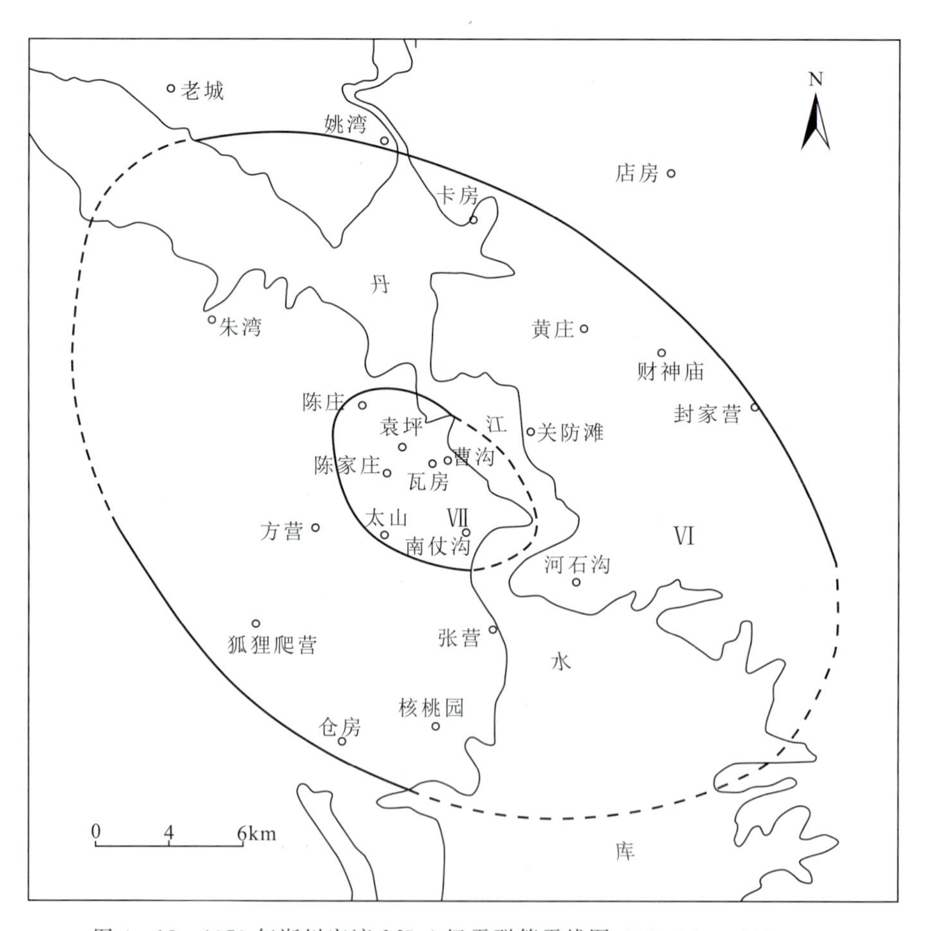

图4－18　1973年淅川宋湾M5.1级震群等震线图（据湖北省地震局，1973）

二、构造地质背景

震中区位于鄂西重力梯度带东缘，其值为$-40\times10^{-5}m/s^2$，化极延拓10km航磁异常值为$-30nT$，地壳厚度约为36km。

这次$M5.1$级震群事件位于北西向淅川白垩纪—古近纪断陷盆地的东收敛端(图4-19)，并且其东延段亦控制了南北向展布的李官桥盆地和丹唐分水岭北缘。两盆地之间的细颈岩桥长约8km，发育一组北西西向断层束，切割震旦系、寒武系、奥陶系和上白垩统—古近系。该断层束向东在走向上与周山-厚坡-南唐庄晚更新世断层组相连接。后者具20～40m(甚至可能高达百米)正倾滑断距，片状泥质构造岩宽0.3～1.0m(田昌骏等，1981)。在李官桥盆地南缘发育北西向两郧断裂带东段汉江断层束，构成新生代东西向朱连山地垒。在宋湾$M5.1$级地震群事件前2～3年内，朱连山地垒南缘地带发生与丹江水库蓄水相关的小震活动，最大震级为1972年4月3日的赵岗林茂山$M4.0$级，震源深度为9km。

据李坪等(1980)的调查，李官桥盆地西缘沿丹江河谷存在近南北向破碎带，形成西高东低的显著南北走向地貌差异带，并且局部地段出露南北走向的断裂破碎带露头。在丹江水库活动期内，沿丹江南北向破碎带展布地带亦有小震分布，最大地震为1997年8月6日丹江大坝北侧邻近处的$M4.3$级强有感地震。此外，李官桥盆地东侧的第四纪丹唐分水岭隆起，走向南北，形成于更新世末，已开挖发现的隶属于淅川断裂带的周山-厚坡-南唐庄北西西向晚更新世断层组位于其北端，而归属于两郧断裂带的北西西向晚更新世陶岔断层则位于其南端(田昌骏等，1981)，即东西向朱连山地垒的北缘。

三、地震成因

关于淅川宋湾$M5.1$、$M4.7$、$M5.0$级震群的构造成因，就局部而言，它是北西向淅川断陷盆地东收敛端和近南北向李官桥盆地西北端之间的岩桥段闭锁储能孕震。由于这一闭锁段仅长约8km，因此，这一闭锁段仅具有$M5$级左右地震最大孕震强度，其$2'\times2'$的地震密集区与此相对应。依据震源机制解，这次地震的北西向发震断层具左旋逆平移断错特征。

若从丹江水库的地震宏观分布而言，除了某些水诱发因素外，其地震分布图像具有鲜明的“Z”字形区域构造图像。它与右行右阶左旋走滑的北西向淅川断裂带和隶属于两郧断裂带东端段的北西西向汉江断层束以及分割李官桥盆地断块西缘的南北向丹江破裂带构造格局相一致。因此，在南襄盆地西缘，其上地壳的拗折与拗断为近东西向大断裂带东延端段之间分段互联相关活动奠定了重要的几何条件。南襄盆地西缘呈阶步锯齿状边缘形态，即是晚新生代剩余形变的构造地貌特征。

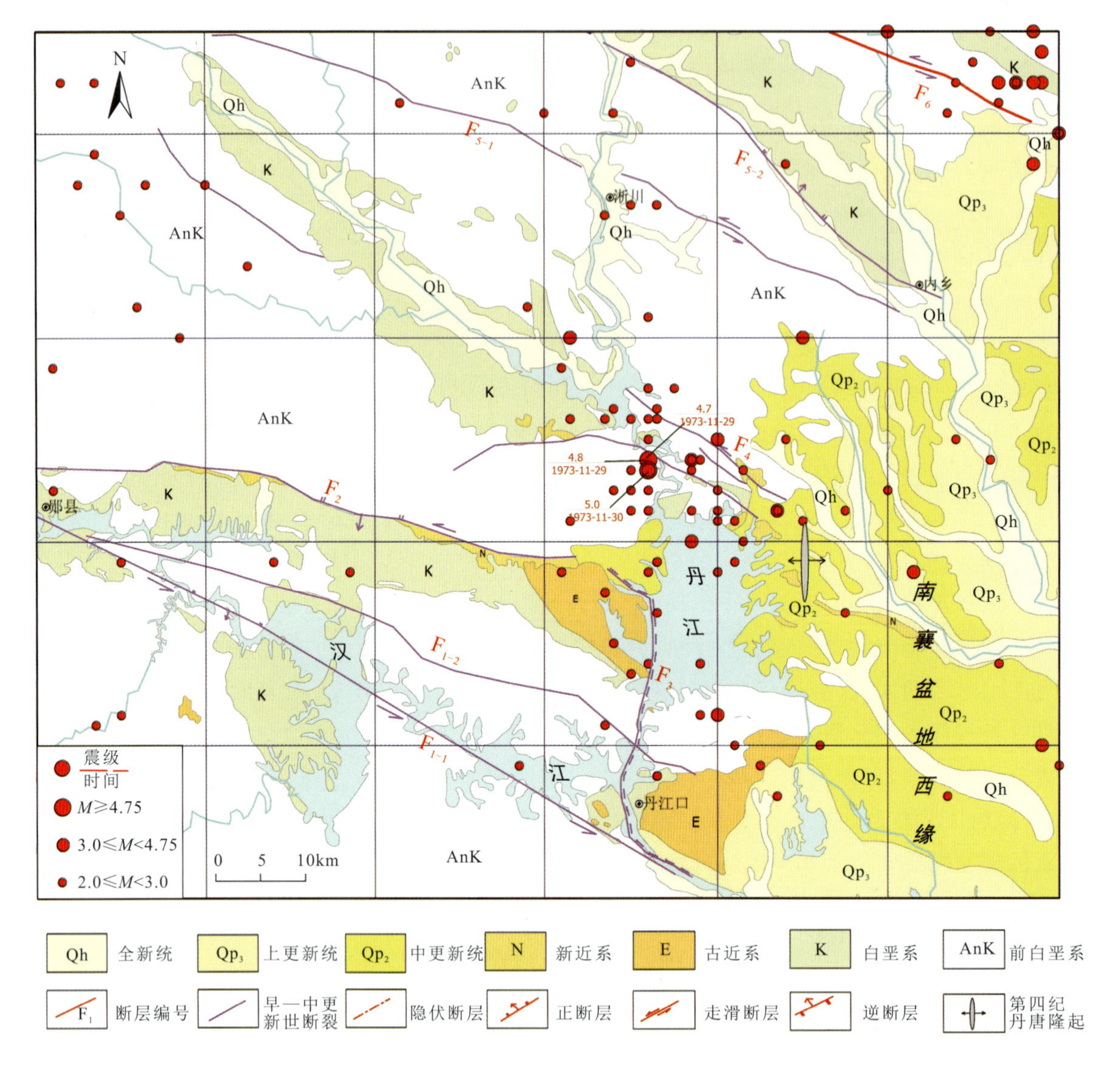

F_1. 两郧断裂带；F_2. 上寺断裂带；F_3. 丹江断裂带；F_4. 淅川断裂带；F_5. 西峡断裂带；F_6. 商南断裂带。

图 4-19　1973 年淅川宋湾 $M5.1$、$M4.7$、$M5.0$ 级震群与丹江水库区地震活动及其区域断裂构造

第十二节　1979 年 5 月 22 日湖北秭归龙会观 M5.1 级地震

一、地震简况

据长江水利委员会办公室三峡台网和湖北省地震局联合测定，1979 年 5 月 22 日湖

北秭归龙会观发生 $M5.1$ 级地震，震中地理坐标为 N31.10°、E110.50°。这是一次孤立型较小中强震，仅于 5 月 31 日在距主震约 5km 的北东方向有一次 $M_L1.6$ 级小震。但是，就震前区域小震活动分析，存在秭归-保康北东向小震条带和秭归-荆门东西向小震条带，两小震条带交会部位即为 $M5.1$ 级地震的孕震地段。这次地震的宏观等震线长轴为北北东向，极震区地震烈度为Ⅶ度。极震区内，80%以上的房屋受到不同程度的损坏和破坏，其中破坏严重不能住人的约 40 户，险房 500 户，4 人受伤；牛棚猪圈破坏普遍，压死牲猪 2 头、耕牛 1 头；山石滚落较多，最大超过 5t，龙会观陡崖西侧千军坪地裂缝长 42m，宽 1～3cm，最宽达 12cm(图 4－20)。

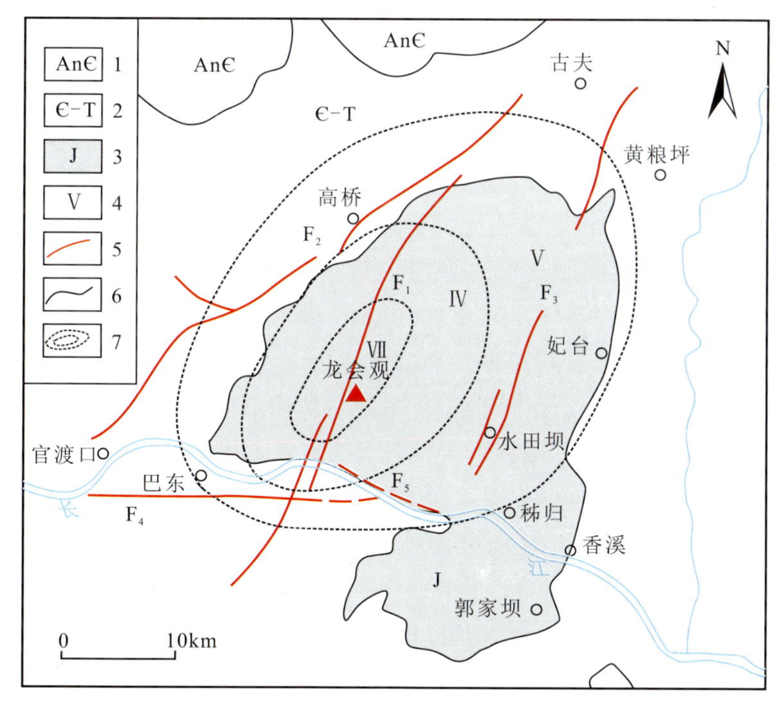

1. 前寒武系；2. 寒武系—三叠系；3. 侏罗系；4. 烈度值；5. 断裂；6. 地质界线；7. 等震线；F_1. 周家山-牛口断裂；F_2. 高桥断裂；F_3. 水田坝断裂；F_4. 马鹿池断裂；F_5. 泄滩断裂。

图 4－20　1979 年 5 月 22 日秭归龙会观 $M5.1$ 级地震和震中区断裂构造

(据李安然等，1996 修订)

1979 年秭归龙会观 $M5.1$ 级地震测震震源深度为 16km，但据宏观等震线求得的震源深度为 9km，衰减系数为 2.0。据王静瑶等的研究，$M5.1$ 级地震震源机制解为：节面 A 走向 296°，倾向南西，倾角 73°；节面 B 走向 37°，倾向北西，倾角 59°；P 轴方位 349°，仰角 8°；T 轴方位 253°，仰角 35°；显示左旋逆平移断层作用。这次中强震震源应力状态明显不同于鄂西小震叠加平均应力场(P 轴：NE－SW，T 轴：NW－SE)。

二、构造地质条件

震中区位于鄂西北北东向重力梯度带西缘，其值为$(-100\sim110)\times10^{-5}m/s^2$。由于重力梯度带在长江宜昌-巴东段呈细腰形态，故这一部位具有较大的梯度值，约为$1\times10^{-5}m\cdot s/km$。据航磁延拓10km化极磁异常图，震中区位于黄陵-神农架正磁异常区与恩施-长阳负磁异常区之间的近东西向磁异常梯度带内，其值为10～20nT。长江三峡人工地震测深表明：震中区上、中、下地壳厚度分别为11km、12km和18km；但从长江南侧向秭归侏罗纪向斜震中区，各层均有2～3km的变浅形态，显示了在长江南北邻近地带下方的各层具有近东西向拗折特征。

秭归龙会观$M5.1$级地震震中区相关构造为北北东向周家山-牛口断裂带，并且周家山断裂与牛口断裂在长江南北方一带呈左行左阶形式，岩桥宽度为1.6km，最大线性长度为9km。该断裂带斜切秭归侏罗纪盆地西翼，向北与北东向高桥断裂带斜接，全长约40km，倾向北西，倾角60°～70°；断裂线性影像清晰，沿中段龙会观—周家山一线发育高差强烈、面向西的断层崖和规模宏大的滑坡群，且以龙会观尤甚；断层破碎带宽10～20m，见有断层角砾岩、碎裂岩粉和断层泥等。据长江三峡人工地震测深，周家山-牛口断裂带切过结晶基底，倾向西，基底顶面断差约1km，西浅东深。周家山断裂和牛口断裂左旋位错侏罗系(J_2x)，剩余形变分别为200m和600m。

北北东向周家山断裂带在长江南、北两侧分别穿切近东西向马鹿池断裂、泄滩断裂。马鹿池断裂在地质图中已填绘出22km，但其线性影像长度可达40km，断层破碎带宽达40～80m，主断面光滑、波状，以65°～70°北倾。构造岩为松散的断层角砾岩、断层泥和片状构造岩夹微透镜体群，或为密集的剪切破裂带。断层泥SEM法测定表明其主要活动时代为中更新世。泄滩断裂全长约15km，倾向北北东(5°～10°)，倾角45°～60°。构造岩带宽约9m，由侏罗纪(J_1)砂岩碎裂岩及剪切透镜体带组成，胶结较差，断层泥SEM法测定显示其主要活动时代为早更新世。据现代地震台网测定和地震宏观考察，在马鹿池断裂和泄滩断裂展布地带，1979年秭归龙会观$M5.1$级地震前10年内，零星发生的小震呈近东西向展布，尤以1977年3—4月间泄滩小震群引人注目，其中3次较大的小震震级为$M_L3.9$、$M_L3.1$、$M_L2.8$，当地均有感，震中烈度达Ⅴ度，等震线长轴呈东西向。据此估算，其震源深度在3～5km之间，这一深度大致相当Pg面附近，即沉积盖层与结晶基底的界面深度。

三、地震成因

1979年秭归龙会观$M5.1$级地震的区域构造运动学成因是黄陵断块西南缘北北西向仙女山断裂带具有现代趋势性深部右旋剪切走滑活动。沿带分布的小震活动和周坪台基线测量显示的趋势性右旋剪张活动以及震前右旋走滑的前兆形变异常可为佐证。按单断层右旋走滑模式，仙女山断裂带南段东侧上地壳次级平移断层系统储能而发生以

1961年潘家湾$M4.9$级地震为代表的地震活动；其北段西侧巴东-秭归上地壳拗折变形带一线储能出现以秭归龙会观$M5.1$级地震和泄滩小震群为代表的地震活动。由于周家山断裂和牛口断裂雁列构成的岩桥亦位于这一拗折变形带中，仙女山断裂带西侧地块相对向北楔进运动时，除了沿拗折变形带存在小震应变响应外，龙会观岩桥发生左旋剪压储能应变进而发生左旋逆平移地震断错破坏，导致局部震源应力场与区域小震叠加平均应力场显现完全不同的现象。龙会观主峰高1716m，为秭归向斜西翼显著上升的中低山岭区，暗示了新构造期长趋势剩余应变累积的特征。

第十三节　1993年7—8月间湖北咸宁温泉小震群事件

一、地震基本参数

据湖北省地震台网监测，1993年7月25日—8月17日咸宁温泉城区南西侧城郊发生一系列地震，最大地震$M_L4.1$级，其中$M_L3.0$～4.1级6次，$M_L2.1$～2.9级46次，$M_L1.5$～2.0级73次，$M_L1.5$级以下565次，构成前震、主震群、余震序列特征。$M_L4.1$级地震测定震中地理坐标为N29.49°、E114.15°，综合等震线震中地震烈度Ⅵ⁺度；宏观震中位于大泉口村一带，震中地理坐标为N29°47′、E114°17′；震源深度约为3km。其他地震震源深度多小于3km，$M_L1.0$～2.0级地震导致地表有感。

据杨福平(2001)研究，咸宁地震序列大部分地震集中发生在7月25日和7月30日：7月25日共发生$M_L\geqslant1.0$地震124次，7月29日20时至7月30日20时共发生$M_L\geqslant1.0$地震100次。这两个地震密集时段地震频次约占整个序列总数的69%，明显表现出“密集—平静—密集—平静”的特征(图4-21，表4-1)。

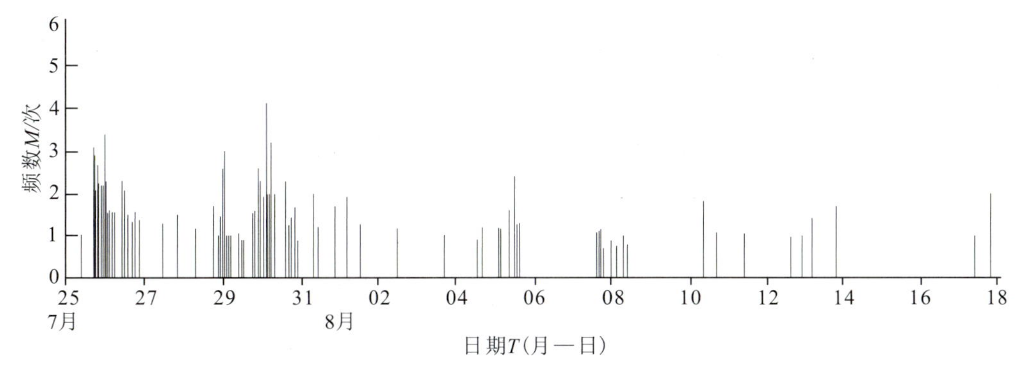

图4-21　咸宁$M_L4.1$级地震序列$M—T$图

表 4-1　1993 年 7 月湖北咸宁 $M_L \geqslant 3.0$ 地震目录

编号	发震时间				震中坐标		M_L	记录台数
	月-日-时-分				纬度	经度		
1	7	25	14	53	29°53′	114°10′	3.1	11
2	7	25	16	18	29°48′	114°15′	3.0	11
3	7	25	22	03	29°48′	114°17′	3.4	11
4	7	28	23	56	29°49′	114°16′	3.0	11
5	7	30	01	58	29°49′	114°15′	4.1	11
6	7	30	04	48	29°46′	114°10′	3.2	11

利用 1993 年 7 月 25 日至 8 月 17 日间的咸宁 $M_L \geqslant 1.0$ 地震目录得出的 b 值、序列能量释放均匀度 U 值、归一化熵值 K、地震发生方式参数 ρ、序列地震频次衰减的快慢程度 h、平均强度不同的序列能量释放的均匀程度 F 等参数的估算结果(表 4-2),总体上可以判定咸宁震群属于非前兆震群。

表 4-2　咸宁震群参数的估算结果

参数	b	U	K	ρ	h	F
结果	0.90	0.22	0.31	0.52	0.98	0.28

依据杨福平(2001)给出的 M_L4.1 级地震震源机制解(表 4-3),节面Ⅰ为北东向发震断层,与震中区北东向潜山断层相符,属高角度正断层破裂作用(图 4-22)。

表 4-3　1993 年 7 月咸宁地震序列主要地震的震源机制解结果(杨福平,2001)

编号	发震时间				震中地理坐标		震级	节面Ⅰ		节面Ⅱ		P 轴		T 轴		矛盾比/%
	月-日-时-分				北纬	东经	(M_L)	倾向	倾角	倾向	倾角	方位	仰角	方位	仰角	
1	7	25	14	53	29°53′	114°10′	3.1	113	85	203	84	338	1	68	8	18
2	7	25	22	03	29°48′	114°17′	3.4	129	56	217	86	178	21	78	26	24
3	7	30	01	58	29°49′	114°15′	4.1	160	90	250	40	127	33	13	33	22

二、震害调查

据湖北省地震局、咸宁市地震局,结合地震现场调查组调查报告,这次震群的震灾调查的综合地震烈度分布如下(杨淑贤等,2006,图 4-23)。

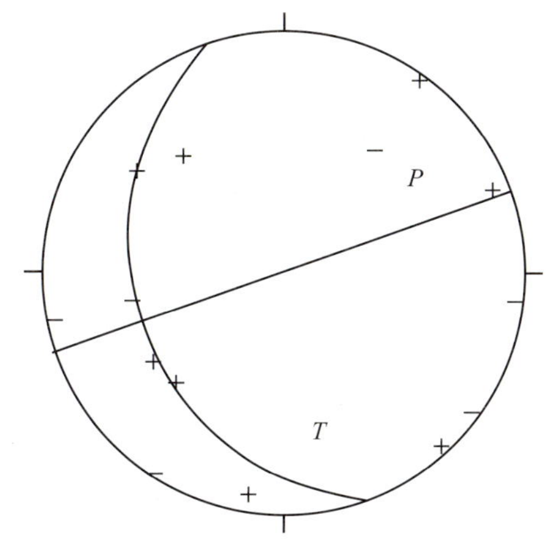

图 4-22 咸宁主震(M_L4.1)的震源节面解图

Ⅵ度区：震中区位于白鹤—大泉湾—程益桥一带，呈椭圆形北北东向展布；长短轴分别长 2.2km 和 1.2km，面积为 2.3km²。地震时，这个范围内已睡觉的人们普遍被震醒，并随即跑到室外；在工作或休闲的人们都感觉到被连续上抛了 3～4 次，最多的达 6 次；同时都听到了从脚底下传来的巨大闷雷声；电灯泡晃动，挂在墙上的物件，如石英钟等不少掉落地上。此外，白鹤街对岸塘边一棵直径 46cm、高 14m 的树被震倒于塘中；有人反映，地震时屋前田中水往上喷，形成高 0.5～1m 的水柱；不少群众还看到了震前的白色弧光等。

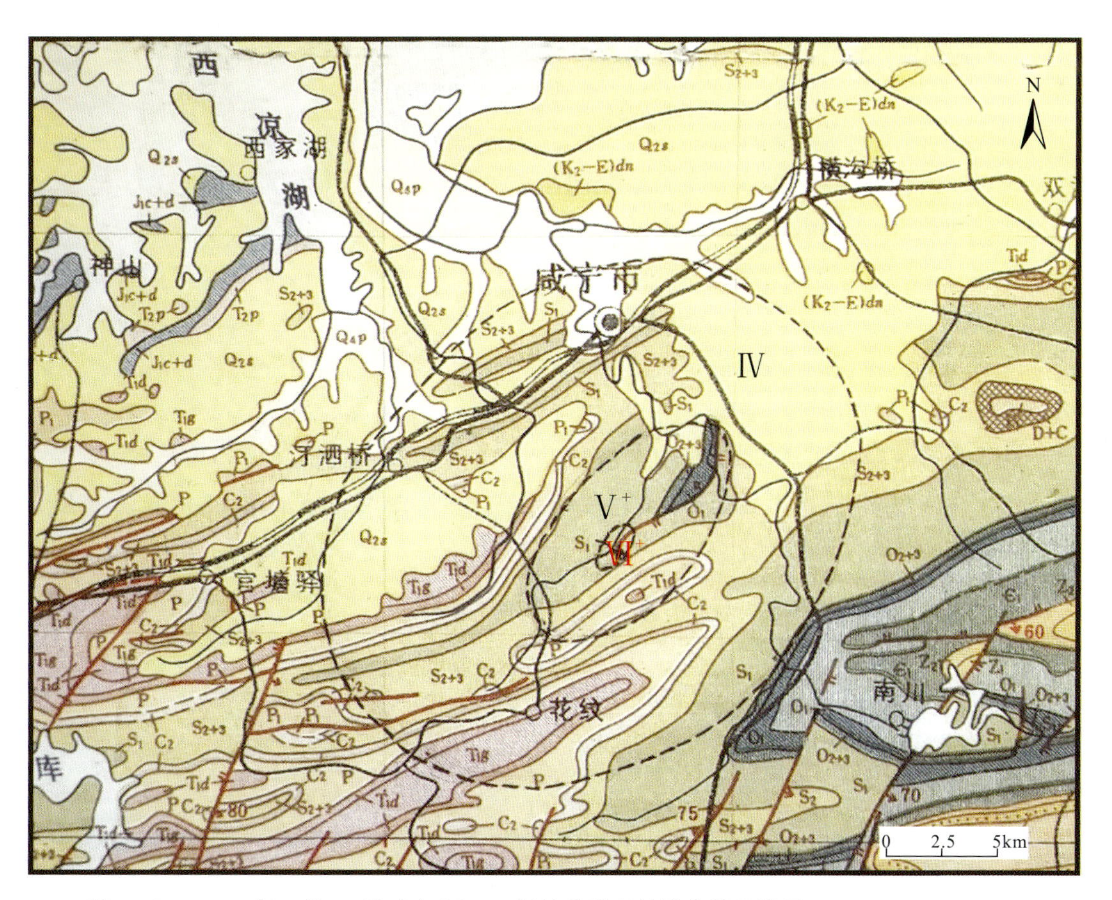

图 4-23 1993 年 7 月 30 日咸宁 M_L4.1 级地震群事件综合等震线图(据湖北省地震局，1993)

震中区大量房屋掉瓦，有410～420间民房墙体被震裂或老旧裂缝增大，加上中小学校舍、乡镇企业和政府直属单位的住房、仓库等被震裂，共计1000间左右。在这些被震坏的房屋中，轻微损坏、损坏、轻破坏的房屋数量分别占总数的60%、30%和9%，倒塌或接近倒塌的房屋共计5间。

Ⅴ度区：北东到温泉镇，西南到古田村南，长轴约10km，西北边起于茶梓，东南边止于牛山、石灰坳一带，短轴长约6km，面积近50km²。地震时区内睡觉的人几乎全被震醒，尚未睡觉的人均感到强烈的震动；靠近Ⅵ度区的多数人反映是垂直震动，多数反映是强烈摇晃，温泉镇液压电器厂等单位有80%的人跑到了室外，温泉淦河南岸裂隙中出泥浆水。此外，人们普遍听到从白鹤村方向传来的闷雷声。区内房屋掉瓦的现象普遍。

区内有大量房屋的山墙、侧墙、间墙被震裂或原来的不均匀沉降裂缝进一步扩大。16个行政村的600～650间房屋遭到不同程度的损坏和轻破坏，加上乡村中小学校舍和各类企业用房，政府各部门办公楼、宿舍等被损坏的房子，共计约1000间。其中轻微损坏、损坏和轻破坏的房屋数量分别占总数的75%、20%和4%，被震塌的房屋有9间。温泉镇远离震中区，房屋质量较好，但M_L4.1级地震时地区科学技术委员会的办公楼、宿舍，地震部门办公室的房屋内部，裂缝逐步扩大；地区业余体校宿舍，妇女联合会、林业局、财政局、民政局等单位的办公楼也遭到了轻微损坏。

Ⅳ度区：东北到官埠桥、团林一带，西南止于赤博林以南，长25km，东南端抵桂花乡铁桥，西北端抵汀泗桥古镇，长约17km，面积为290km²。区内正在睡觉的人多数被震醒，室外未睡觉的人均感到强烈震动，且以水平推移为特征。与此同时，不少人听到从白鹤乡方向传来的闷雷声；个别房屋的墙壁出现掉灰现象，但不严重。

Ⅲ度区：区内不少人有感，如北岭、张公乡雨坛垴、张公、河背等地群众有感；横沟桥镇有麻将从桌上掉到地上；东侧杨畈不仅有人感到震动，而且见到了电灯摇晃；大幕乡的大塘、金山等地群众均反映有感；东南角的刘祠、桂花乡的狮子垴多数人有感。南边崇阳县金沙镇群众震感较明显，地震时窗玻璃发出“哆哆”声，院墙大铁门被震开等；蒲圻县的随阳镇不少人有感，其中以月亮村、黄家村最明显。该区西边官塘镇、泉口镇等地也有不少人有感，且能辨出震动方式。

三、地震成因

这次地震活动发生于北东向温泉镇潜山背斜轴部，其轴部出露长约5km、宽0.8～1km的奥陶纪硅化白云质瘤状灰岩。灰岩岩层向北东翘起，向南西倾伏，最大厚度为558m，同生背斜轴部断裂长约7km。奥陶系(O_{2+3})与志留系(S_1)呈逆冲关系。潜山主岭老虎崖高程达247m。温泉沿潜山东端淦河分布，富含气氡的温泉群呈自溢状态，水温45～49℃，最高达54℃。据湖北省地质环境总站陈梦源等(2018)调查，咸宁温泉地热田属沉积岩区断裂深循环地热增温型，热储为岩溶热储，含水层主要为奥陶纪地层，热储盖层为志留纪地层，主控热导热构造为北东向潜山断裂。据湖北省地震局调查，20世纪80

年代末至 90 年代初期咸宁温泉大规模开发利用，产生数十家温泉宾馆、洗浴中心，致使温泉水位下降，仍打孔至 100m 以下开采，导致横向淦河补给不足，与大幕山补给区相距 8km 以上，亦不足以补给。据咸宁市地震局潜山温泉地震前兆水化站观察，自 1993 年 1 月以来，随着地下温泉被大量开采，温泉气氡值长趋势下降，水温亦波动微降，但在震前 6 月起水温又微升，之后于下降段发生地震。这显示了温泉开采抽水与地震发生是密切相关的(图 4－24)。大量抽水，使北东向潜山断裂孔隙压下降，断面闭合至闭锁，形成均衡重力作用下调整性浅层应力集中和应变累积，发生一系列微震和小震群，全序列 b 值高达 0.90。M_L4.1 级主震宏观震中大泉口村位于北东向潜山断层的南西端倾伏部位，显示了断层端部失稳扩展的破裂作用。依据宏观等震线与震源深度经验关系式，按多种方案估算和震中区流动台观测资料推算，其震源深度均不大于 3km。综合判定，这次地震属典型的温泉开采诱发地震震例之一。

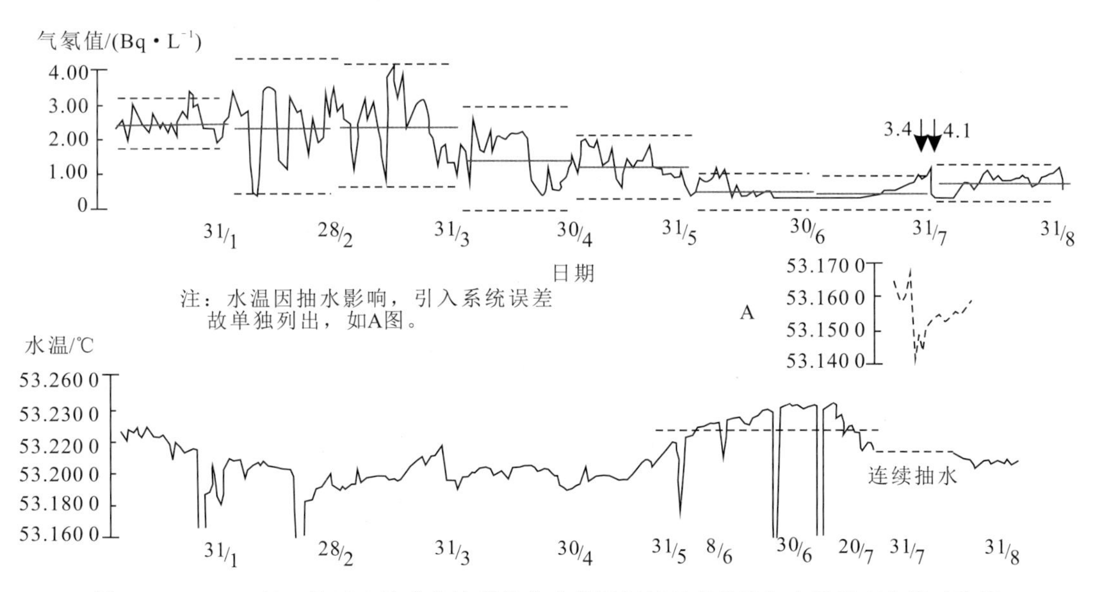

图 4－24　1993 年 1 月至 8 月咸宁地震前兆水化站气氡日变曲线与水温日变曲线对比图

四、编后记

咸宁温泉 1993 年 7 月 30 日 M_L4.1 级地震作为与温泉开采工程活动相关的诱发地震活动已载入《湖北省地震志》。其地震宏观影响场及主要诱发地震学术观点均转录于本书。据悉，由湖北省地震局于品清研究员在其负责牵头起草的《原始地震宏观影响场调查报告》中，曾将震中区地震烈度确定为Ⅶ度，现今Ⅴ度区定为Ⅵ度区。由于在震中区达到轻度破坏的震害指数仅为 9%，未达到 0.11～0.30，故而将震中区地震烈度降为Ⅵ度或Ⅵ⁺度。然而，现今Ⅴ度区轻微损坏、损坏和轻破坏的房屋各占 75%、20%和 4%，按

《中国地震烈度表》(GB/T 17742—2020),Ⅵ度区震害指数 0~0.10,故现今Ⅴ度区可划为Ⅵ度区,进而把现今Ⅳ度区划为Ⅴ度区为宜。实际上,地震宏观影响场震中小区的地震烈度通常会高 1 度或 0.5 度,尤其是沉积盖层中深度小于 3km 的震源体,对震中小区的烈度影响会更甚。这已为很多矿山小震高烈度所证实。这源于震源体对地表垂直向上的直达波的作用,而外围等震包络线则是相对偏低的烈度区边界,具有一定的模糊性。它是由地震波影响场的衰减关系决定的。

第十四节　2000 年 4 月 29 日河南内乡—镇平间 M4.7 级地震

一、地震简况

2000 年 4 月 29 日 11 时 54 分,在河南南阳市内乡县马山口镇与镇平县四山乡之间发生了一次 *M*4.7 级地震。微观震中为镇平县四山乡西(N33°13′、E112°03′);宏观震中为内乡县马山口镇与镇平县高丘镇之间(N33°12′、E112°02′);震源深度达 16km,震中烈度为Ⅵ$^{+}$度。

河南省地震局通过对南阳市所辖内乡、镇平、桐柏、唐河、南召等县(市、区)16 个乡(镇)100 多个村庄的现场调查,圈定了本次地震的等震线(图 4-25)。由图可见,Ⅵ度区、Ⅴ度区及有感范围分布均呈椭圆形,长轴方向为北西,短轴方向为北东。沿发震断裂走向烈度衰减较慢。

Ⅵ度区:位于马山口、四山、高丘之间。长轴长约 18km,短轴长约 10km,面积约为 140km^2。地震时,人们普遍听到像闷雷或载重货车发出的闷响地声,门窗剧烈作响,震感强烈,人们纷纷跑到屋外。区内一半左右房屋的墙体出现裂缝,大多数倒塌的房屋及人员伤亡主要集中在本区。其中内乡县马山口镇大寨村大约 95% 的房屋出现了不同程度的墙体裂缝、屋顶掉瓦、烟囱掉砖、花墙塌落等,并造成 1 人死亡,3 人重伤。镇平县四山乡响水河村中及麦地里还发现 2 条走向近东西的地裂缝,长度分别为 15m 和 80m,宽度分别为 3mm 和 3cm,后者南侧局部下沉约 15cm。

Ⅲ—Ⅳ度区(明显有感范围):西至卢氏,东到信阳西,东北侧沿南召—社旗一线,西南侧沿西峡—新野北一线。长轴长约 320km,短轴长约 85km,面积近 2.4 万 km^2。这次地震造成 20 个乡(镇)受灾,倒塌房屋 490 间,损坏房屋 53 761 间,造成的直接经济损失折合人民币 5680 万元。

二、地震活动与地震构造

这次地震主震前,仅在 4 月 28 日记录到一次 *M*0.7 级前震,震后记录到余震 21 次,其

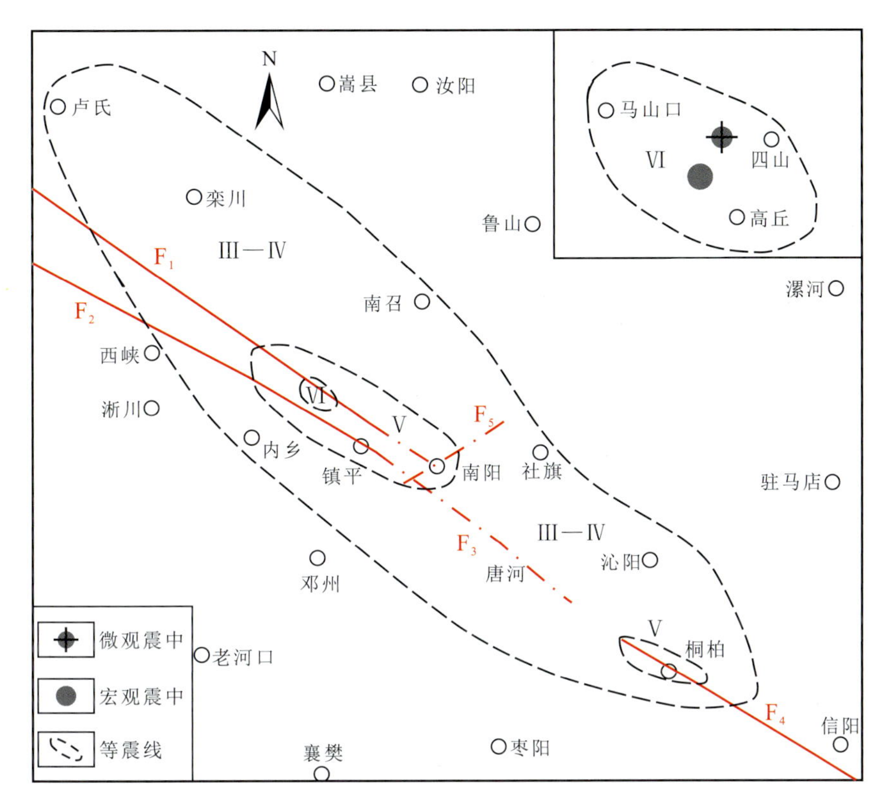

F_1. 朱阳关-夏馆断裂；F_2. 丹凤-商南断裂；F_3. 唐河断裂；F_4. 桐柏-信阳断裂；F_5. 南阳-方城断裂。

图 4-25 河南省内乡—镇平 $M4.7$ 级地震等震线(据谢智,2001 修改)

中 0.7～0.9 级 3 次 $M1.0$～1.9 级 13 次,$M2.0$～2.2 级 5 次。该地震属主震、余震序列。

内乡—镇平 $M4.7$ 级地震震源机制解：节面Ⅰ走向 21°,倾向南东,倾角 65°;节面Ⅱ走向 104°,倾向北东,倾角 75°;P 轴方位 60°,仰角 28°;T 轴方位 154°,仰角 7°(P 波初动符号的矛盾比为 14/40=35%)(图 4-26)。

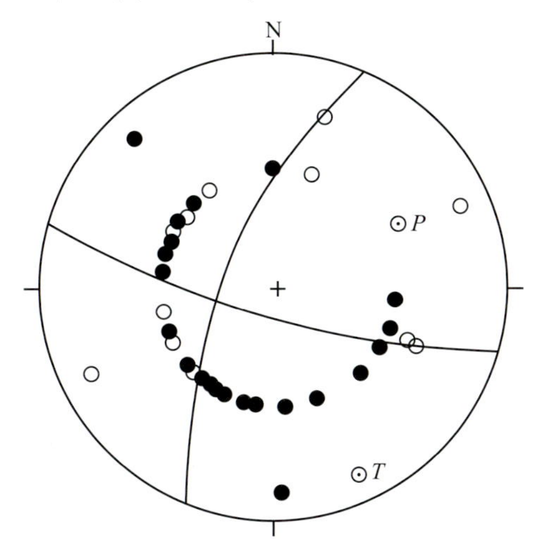

图 4-26 河南省内乡—镇平 $M4.7$ 级地震震源机制解(上半球投影)(据谢智,2001)

本次地震的等震线长轴走向大致为300°，与节面Ⅱ的走向基本一致。由此认为，节面Ⅱ为主破裂面，具有左旋走滑断层破裂作用。这也表明朱阳关-夏馆断裂和丹凤-商南断裂斜向收敛部位的微条状断块可能为本次地震的发震构造。区域上该地震位于南阳坳陷与北秦岭断隆的边界地带，更新世断块差异活动鲜明，公元46年曾发生南阳大震事件，近几十年来，马山口一带频发有感震，如1976年马山口小震群事件。

第十五节　2005年11月26日江西九江—瑞昌 *M*5.7级地震

一、震害简况

2005年11月26日8时49分，在江西省九江-瑞昌交界处发生 *M*5.7级地震，震中地理坐标为N29.72°、E115.71°；当日12时55分又发生 *M*4.8级最大余震，震中地理坐标为N29.71°、E115.72°；余震序列丰富。这两次地震震源深度为10～12km。宏观震中大致位于赛湖农场。

据宏观烈度考察结果，本次地震极震区烈度为Ⅶ度(图4-27)，长轴长24km，北东东方向，短轴长15km，面积约为260km^2。Ⅳ度区主要包括九江县的城门乡、新合乡、新塘乡、港口镇乡、狮子镇，瑞昌市市区以及瑞昌市航海仪器厂以东地区，还包括长江北岸的小池镇少部分地区。区内土木房屋普遍受到严重破坏，70%毁坏或严重破坏，25%倒塌或局部倒塌，少部分完全倒塌；砖木结构房屋多数达中度破坏，相当部分严重破坏，少部分倒塌。该类结构房屋多数为2～3层，一般一层破坏相对较轻，二层、三层破坏较严重，以通透性裂缝和主体骨架严重受损为主；城市砖混结构房屋破坏较轻，没有整体倒塌现象，这类房屋调查以一些店面、学校、医院等公共建筑为主，大部分破坏主要表现为裂缝，部分开裂严重；框架结构房屋抗震能力相对较强，框架结构部分破坏较轻，多数为基本完好，少数轻微破坏，个别局部达中度破坏。区内新塘乡、新合乡、坡门乡、港口镇和瑞昌市市区各处人的震感强烈，反映首先感觉上下震动，然后感觉水平晃动。土木结构建筑物主要表现为墙体产生纵向裂缝。各地区受垂直震动的影响较大，这是极震区震动的一大特点。

Ⅵ度区与Ⅶ度区长轴走向基本一致。长轴长约61km，走向北东，短轴长45km，面积为1800km^2，包括九江县、九江市周岭以西地区，瑞昌市花园以东地区，黄梅县坝口—陈杨武一带以南地区和武穴市，阳新县，德安县部分地区。区内土木民宅及牲畜棚圈破坏较严重，其中九江市新港镇太平桥村有几处局部倒塌。砖木房屋大部分有轻微裂缝，少数中度破坏，没有倒塌。农村砖混结构房屋15%达中度破坏，50%轻微破坏，个别严重破坏，约30%基本完好。

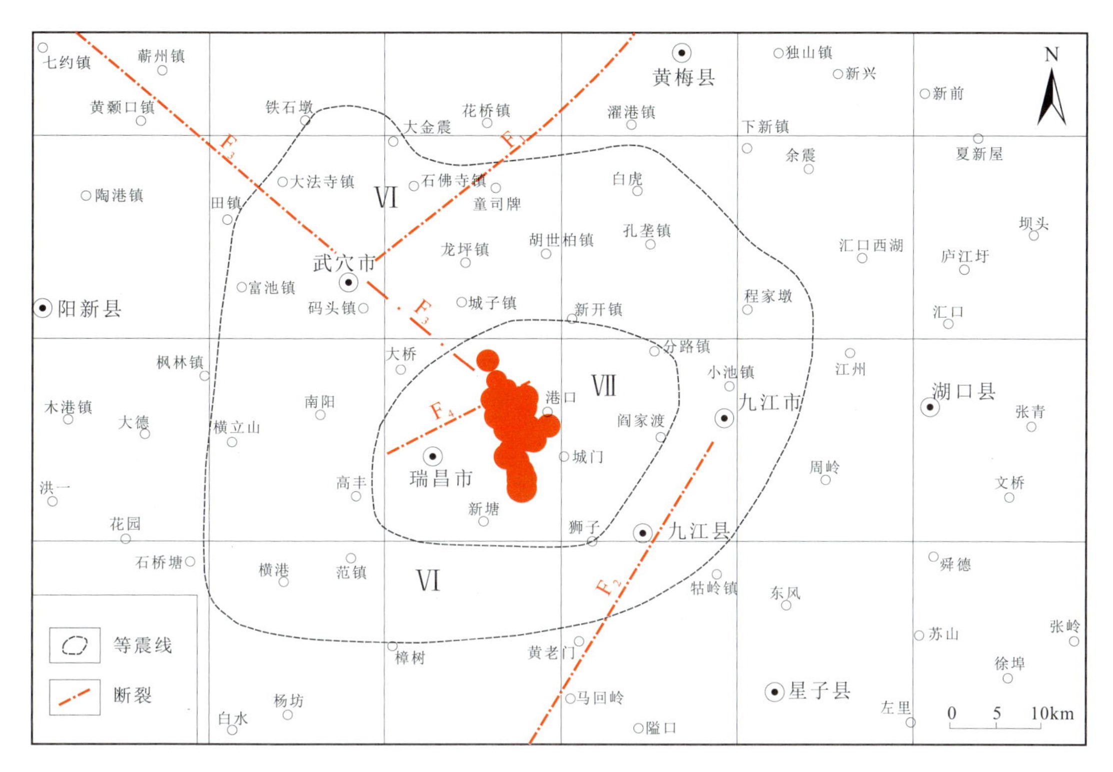

F_1. 郯庐断裂南端段;F_2. 九江-德安断裂;F_3. 襄樊-广济断裂带南东段;F_4. 瑞昌断裂北段丁家山断裂。

图 4-27 九江-瑞昌 $M5.7$ 级地震烈度分布图(据湖北省地震局,江西省地震局,2007)

地震造成区内地表破坏,主要有地面塌陷。砂土液化和地裂缝。与隐伏岩溶洞穴相关的地面塌陷是这次地震地表破坏的主要现象。Ⅶ度区内瑞昌市大塘村 13 个村庄有 8 处出现地面塌陷。地面塌陷规模大小不一,大的直径 10 多米,小的直径两三米。陷坑深3～9m。赛湖农厂二分厂十三连棉花地里也出现大规模的地面塌陷。瑞昌市高丰镇永丰村出现地面塌陷,其他地方也有小规模地面塌陷。据不完全统计,震区地面塌陷数量已经达 100 多个,主要分布在瑞昌高丰镇、桂林办事处,赛湖农场和九江县涌泉乡等处。大多数地面塌陷发生在农田里、河谷中,少部分发生在村庄里,导致房屋倒塌或者房屋倾斜。

这次地震波及湖北、安徽、江苏、上海、浙江、湖南、福建等省市,共造成 13 人死亡、33 人重伤、564 人轻伤。房屋倒塌和较大程度的破坏,造成失去住所约 23 500 户,约 9.9 万人,初步评估直接经济损失为 17.8 亿元。

二、震中区构造分析

这次地震位于扬子断块次级构造单元之下扬子隆陷带北缘,其北侧即为秦岭-大别造山褶皱带之桐柏-大别断隆。该震区具有多个次级构造单元会聚的特征,即九岭-幕阜隆起、鄱阳湖坳陷、九华山隆起、东大别断块隆起和北东向长江裂陷。北北东向条状庐山微断块处各单元会聚中心部位，突兀于鄱阳湖坳陷西北隅或耸立于九岭-幕阜隆起地块东北端。汉阳峰海拔为1474m，具有强烈上升的微断块活动特征。与此相应，多条区域性大(深)断裂带在此交会，即北西向襄樊-广济断裂带、北北东向郯庐断裂带、北东向长江断裂破碎带、北北东向九江-靖安断裂和湖口-星子断裂带。显然，该震区具有复杂的构造会聚环境。

在深部重力异常方面，震区大体位于零等值线附近，其周邻分别为桐柏-大别重力低[(0～－40)×10^{-5}m/s^2]、幕阜-九岭重力低[(0～－30)×10^{-5}m/s^2]、九华山重力低[(0～－20)×10^{-5}m/s^2]和鄱阳湖重力高[(0～5)×10^{-5}m/s^2]。故此震区具有上地幔隆起的特征。据航磁化极延拓20km的异常显示，震区存在近东西向展布的中波长正磁异常体(50～80nT)，判定为深部闪长花岗岩体，并与地表侵入于志留系—三叠系中的燕山早期花岗闪长斑岩相关联。震中区地壳厚度达33～34km，主要地震大致位于中、上地壳的界面附近。

震中区位于北东向瑞昌盆地东北端。该盆地为向北东开口、朝南西收敛的楔形浅槽盆。盆地长轴延伸约32km、最宽处约7km，由两个左行右阶槽地组成，古近纪开始发育，局部见有古近纪红层，第四纪宽坦槽盆河谷地貌与东、西两侧丘陵岗地组合地貌，构成鲜明的差异构造特征；但盆地北端开口部位河湖地貌面缓缓向北倾斜，并与黄梅南长江两岸沉降堆积区融为一体。此外，依据前述震区隐伏溶洞塌陷影响地面农田陷坑的深度与规模，推测瑞昌盆地第四系厚度普遍不大于50m。

瑞昌盆地东西边缘控制断裂呈断续出露。西缘主断层走向北东，倾向南东，倾角25°～35°，切割志留系—三叠系，构造变形带宽约20m，破裂面切割中更新世网纹红土；东缘断层大体倾向北西，北端段偏转为北东东向。此外，瑞昌盆地东北端西侧志留系—三叠系低丘陵岗地内存在北西向共轭剪切破裂的线性影像构造，但对第四系没有呈现线性切割特征。

值得指出的是，震中区志留系—三叠系中印支期—燕山期褶皱走向近东西或北东东，为台缘褶皱带，因此瑞昌盆地边缘北东向断裂具有斜切褶皱走向并追踪发育的特征，故而具有断续展布的形态。其两个子槽盆呈左行右阶形式，并且阶区发育横向隆起，表明瑞昌盆地东、西边界断裂具有第四纪右旋剪切正倾滑作用。

三、地震活动分析

2005年11月26日九江—瑞昌M5.7级地震属主震、余震序列，没有明显而清晰的前震序列。截至2005年12月25日，共记录到M_L0.1级以上的地震10 514次，其M_L1.0～1.9级425次，M_L2.0～2.9级63次，M_L3.0～3.9级9次，M_L4.0～6.0级3次，余震序列呈现快速波动衰减特征。这表明该地震主震震源为相对均质状态，主震破裂发生时导致震源椭球体产生大量剪切微破裂。由于很多M_L2.0～3.0级地震地面震感明显，因此沉积盖层下部（含侵入岩体）也受扰破裂。故大量余震显示为非均质状态。

九江—瑞昌地震震中主要集中分布于北北西（340°）条带内。主震震中处密集，长度约16km（或者说不大于20km），与M5.7级震源体线性尺度相匹配。尽管如此，依据综合等震线长轴长24km，走向北东，M5.7级主震破裂面应为北东走向，而等震线短轴长15km（约为长轴的2/3），走向北西，可判定M4.8级地震破裂面应为北西走向，构成共轭剪切破裂。这种现象表明在余震序列中亦有M_L3.0级左右地震成对出现的特征。因此，可以判定，九江—瑞昌地震序列显示的北北西向地震条带具有一系列共轭剪切破裂的发育特征。

九江—瑞昌地震具有近代历史中等地震背景。1911年2月6日九江曾发生M5.0级地震，邻区阳新1897年也曾发生M5.0级地震。尤其值得关注的是，近10年来，震区及邻近区域显示小震相对活跃的趋势。1995年4月18日在瑞昌南桂林与九江县涌泉之间发生M_L4.9级地震（N29°38′、E115°38′），震中区烈度为Ⅵ度，北东向长轴长34km，北西向短轴长18km，震源深度达19km。此后，在北北东向郯庐断裂南段，北北东向九江-德安断裂、北西向襄樊-广济断裂南东段以及北东向瑞昌盆地断裂带北端段相继发生了一系列低频度M_L3.0～4.0级地震。因此，依据区域性断裂的控震作用，可组成北北东向郯庐断裂南段与北北东向九江-德安断裂的左行右阶结构，北西向阶区孕震构造即襄樊-广济断裂带南东段直至推测延伸至北东向瑞昌盆地断裂带东北端部共轭剪切孕震系统。值得指出的是，北西向阶区孕震构造介质应为前述上地壳下部的隐伏花岗闪长岩体。它是印支期—燕山期扬子消减板片弯曲折断的重熔侵入体，隐含发育与襄樊-广济断裂带东延段地表迹线相同的构造破裂是先成性介质结构条件之一；北东向瑞昌盆地断裂带并不是区域性断裂构造，其追踪性发育的特征是此次孕震体的另一结构条件。

依据震源机制解（表4－4），2005年11月26日M5.7级地震和M4.8级地震以及1995年4月18日M_L4.9级地震均为正倾走滑破裂作用，只不过在北西向主压应力（仰角较大）和南东向主张应力（仰角较小）作用下，北北西向破裂节面为左旋，北东向破裂节面为右旋。震源机制应力解与边界控震构造的右旋滑动是一致的。

表4－4　2005年11月26日江西九江—瑞昌M5.7、M4.8级地震震源机制解（据高建华，2005）

时间（年-月-日）	地点	震级（M）	节面Ⅰ		节面Ⅱ		P轴		T轴	
			倾向	倾角	倾向	倾角	方位	仰角	方位	仰角
2005－11－26	瑞昌	5.7	38°	31°	328°	79°	297°	48°	171°	28°
2005－11－26	瑞昌	4.8	22°	23°	314°	81°	291°	50°	151°	33°

第十六节　2006年10月27日湖北随州三里岗M_L4.7级地震

一、地震基本参数及地震情况

根据湖北省地震台网测定，地震基本参数如下。

发震时间：2006年10月27日18时52分05.8秒。

微观震中：N31.52°、E113.09°。

宏观震中：随州三里岗镇。

主震震级：M_L4.7。

主震震源深度：9.4km。

震中区烈度：Ⅵ度。

地震序列：M_L4.7主震前一周，三里岗曾发生M_L3.0级前震序列。主震后，在原震中区附近又连续发生了一系列有感地震和微震，其中最大余震为10月28日的M_L4.2级地震（图4－28）。这次地震为前震、主震、余震序列。

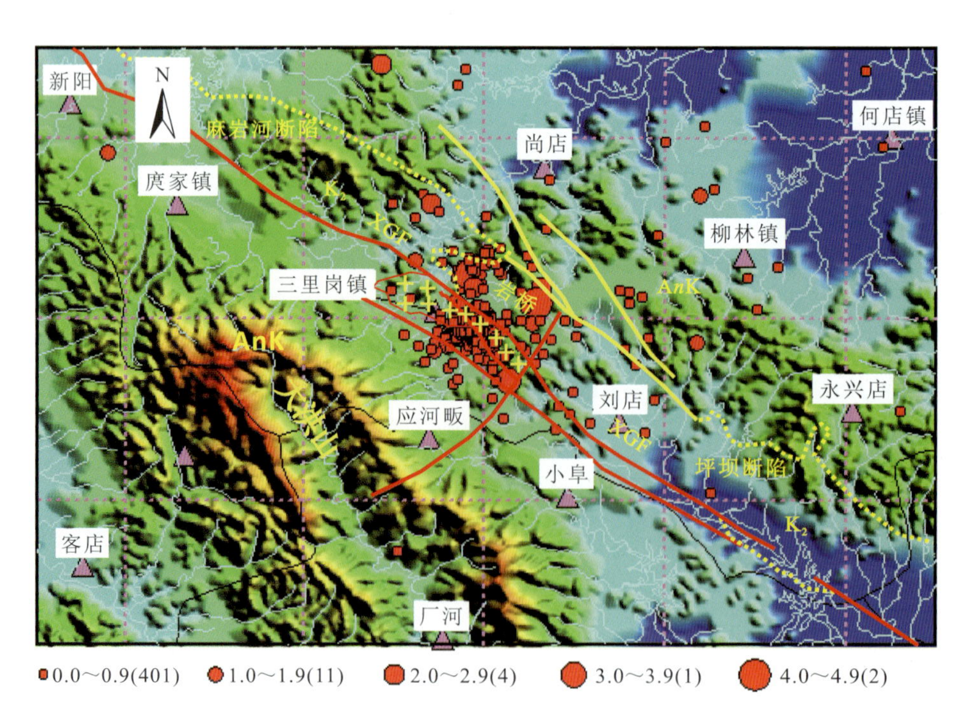

XGF. 襄樊-广济断裂带大洪山北缘断层段及其次级断层；K_2. 上白垩统；AnK. 前白垩系；γ_5^2. 燕山期二长花岗岩。

图4－28　湖北随州三里岗M_L4.7级地震、地貌与地震构造图（▲. 测震台网）

主震震源机制解：节面 A 走向 334°，倾角 73°；节面 B 走向 133°，倾角 17°；P 轴方位角 60°，仰角 28°；T 轴方位角 254°，仰角 61°。北西向震源断层为逆冲破裂作用。

二、地震烈度特征

Ⅵ度区（震中区）：主要位于随州市三里岗镇集镇区（图 4－29）。范围东起墩子河，西至凉水井，北接鲍家塆，南邻石堰堤。长轴走向为北西向，长约 5km，短轴长约 3.5km，总面积约 $14km^2$。震中区室内多数人站立不稳，惊逃至户外。室内悬挂物晃动明显，部分坠落。部分砖混结构房屋墙体、天花板出现裂缝，老旧裂缝增大。极个别老朽房屋墙体局部倒塌，院墙局部倒塌。屋瓦掉落普遍，少数屋顶烟囱部分倒塌，个别独立烟囱出现小裂缝。本次地震共导致 2600 余户房屋出现轻微裂纹，其中 500 余户房屋出现不同程度的损坏。

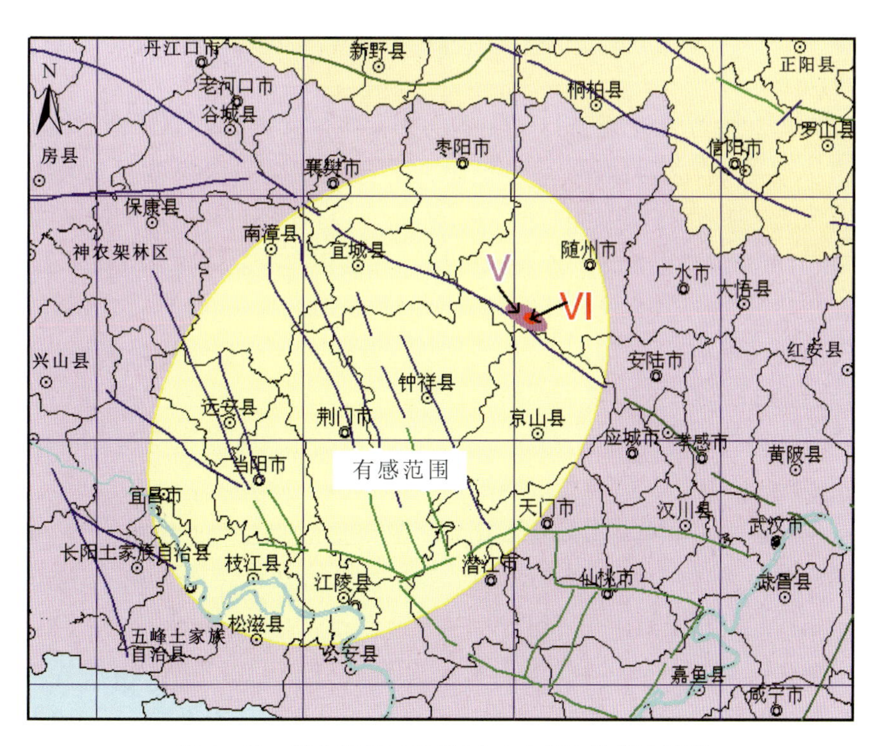

图 4－29　湖北随州三里岗 M_L4.7 级地震等震线图

有感范围：据电话联系各县地震机构报告，17 个县市中，随州、京山、钟祥、襄樊、枣阳、荆州、荆门等地有感，湖北省中部地区大部有感；还波及武汉市高层建筑。

三、构造地质条件

2006 年随州三里岗 M_L4.7 级地震是继 2005 年江西九江—瑞昌 M_S5.7、M_S4.8 级地

震后又一重要地震活动。

这次地震位于扬子准地台(板块)与秦岭-大别褶皱系之边界构造北西向襄樊-广济断裂带内,其南侧为大洪山扬子台缘断褶带,而北侧为桐柏-大别中间地块内的随州断块。印支期,扬子板块向桐柏-大别中间地块(微板块)之下消减、碰撞聚合,形成了以襄樊-广济断裂带大洪山北缘段为主构造线的向南逆掩推覆体变形带和三里岗混杂岩带,故震区叠瓦状断裂密集发育。随后于燕山期形成三里岗南侧的二长花岗岩侵入体。

晚白垩世—古近纪时期,襄樊-广济断裂带大洪山北缘段呈现裂陷伸展运动,最大红层碎屑堆积厚度不小于2500m,并伴有多期次玄武岩浆侵位与喷溢活动。古近纪末期,喜马拉雅运动Ⅰ幕使大洪山北缘断陷盆地回返,红层逆冲于前白垩纪地层之上。新近纪以来,大洪山北缘断陷盆地呈现缓慢上升状态,为蚀余盆地,但仍维持低凹槽地景观。其南侧为明显隆升的大洪山低中山、低山区,而其北侧为以低丘陵、高岗地为主的地区,地貌反差鲜明。襄樊-广济断裂带大洪山北缘段第四纪早期有明显活动,为左旋逆平移运动特征。由南向北穿过盆地边缘的第四纪主要河流多呈现左旋扭动状态,但未见晚更新世洪积扇被断错。

随州三里岗M_L4.7级地震恰好位于沿北西向大洪山北缘断陷带中三里岗岩桥内,构成岩桥的主要地表岩层为震旦系灯影组灰岩与硅质岩。岩桥线性尺度长8km、宽4km。岩桥东接坪坝断陷(K_2)、西连麻岩河断陷(K_2);北西向大洪山北缘断裂段控制它们的南缘边界,但在岩桥南缘构成右行右阶形式。岩桥东缘割阶区被北北东向横向次级剪切断层控制,其北缘亦被次级断层组约束。由于第四纪以来,襄樊-广济断裂带大洪山北缘段呈现左旋逆平移运动,因此,三里岗岩桥必然构成地震应变能累积闭锁地段,并且其线性尺度满足M_S5.0~5.5级地震的震源体规模。据地震台网观测分析,这次M_L4.7级地震断层破裂表现为逆冲特征,并暗示有大洪山隆起均衡重力向北侧向挤压作用的存在。此外,由于大洪山北缘段断裂破碎带宽达数千米,介质极不均匀,故三里岗M_L4.7级地震序列相应表现为前震、主震、余震序列。值得指出的是,三里岗岩桥孕震体上部浅层为震旦系灯影组灰岩,受断裂破碎影响而溶蚀强烈,推测存在隐伏溶洞,其余震序列中尚有岩溶崩塌震相的浅表极微震、微震事件,并导致地表有感。

简言之,随州三里岗M_L4.7级地震发生于区域大地构造一级单元边界—新构造断块边界上,其非连续断陷盆地间储能岩桥闭锁部位是孕震的主因。

综上所述,北西向襄樊-广济断裂带曾为前新生代一级大地构造边界,也为喜马拉雅运动新构造期主要断块滑动边界,第四纪早期曾有明显活动,已显示为中等地震构造。

第十七节 2013 年 12 月 16 日湖北巴东 M5.1 级地震

一、地震概况

1. 地震基本参数

据湖北省地震台网测定，湖北巴东地震区发震时间为 2013 年 12 月 16 日 13 时 4 分；震中位置为湖北省恩施土家族苗族自治州巴东县（N31.10°、E110.43°）；地震震级为 *M*5.1 级；震源深度为 5km；宏观震中烈度为Ⅶ度。

2. 地震烈度调查

据湖北省地震局系统应急调查资料：Ⅵ～Ⅶ度区调查方式采取以现场调查为主，结合电话及其他通信方式进行。调查区域包括巴东县城区、信陵镇、官渡口镇、东瀼口镇、溪丘湾镇和秭归县泄滩乡、沙镇溪镇西部。调查结果显示，本次地震的宏观震中位于巴东县东瀼口镇宋家梁子村，震中烈度为Ⅶ度（图 4－30）。

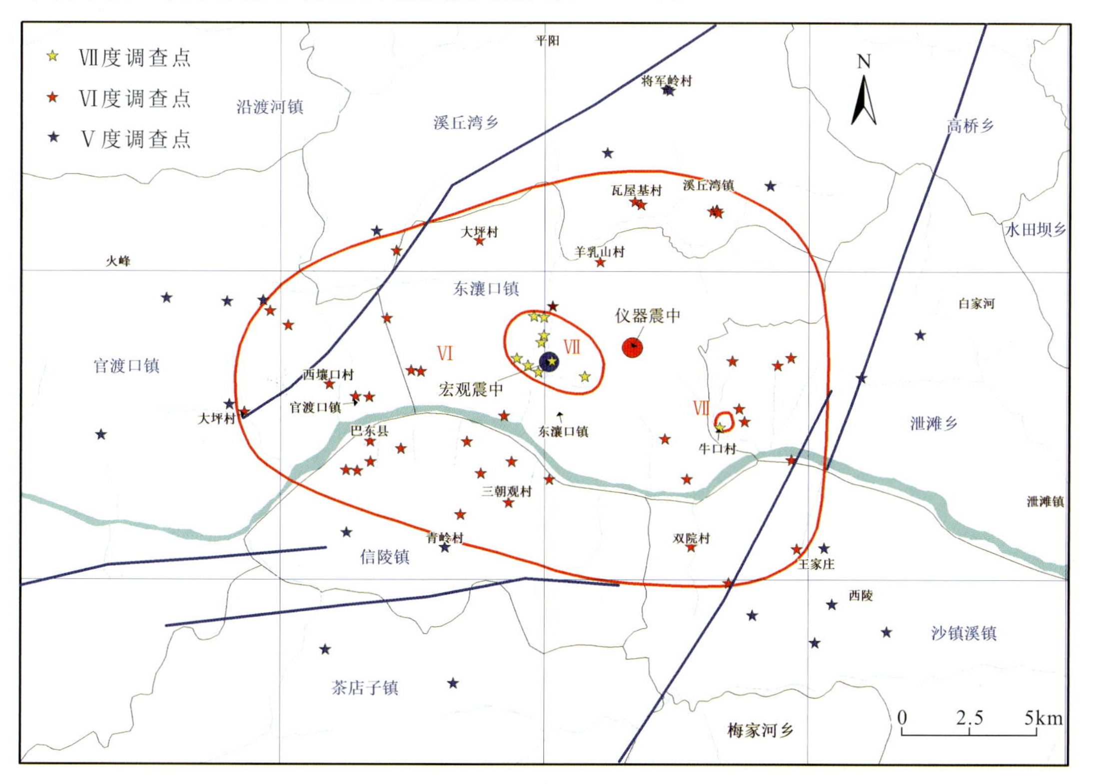

图 4－30 巴东 *M*5.1 级地震Ⅵ～Ⅶ度等震线图(据湖北省地震局，2013)

（1）Ⅶ度区：该区范围包括东瀼口镇宋家梁子村一组、二组和陈家岭村五组（堰湾），整体呈椭圆状，长轴走向北西西，长轴长约 3.9km，短轴长约 2.4km，面积约 7.7km²。在秭归泄滩乡牛口村也有Ⅶ度异常点出现。宋家梁子一带的 2～3 层砖混结构民居，多数轻微破坏，屋内天花板上产生细裂缝，墙体粉刷层、水泥涂层、瓷砖有开裂或脱落现象，外贴瓷砖被斜裂纹切穿，墙角、天花板、窗沿等与墙体结合处局部出现裂缝。少数中等破坏，砖墙出现穿透性裂缝、“X”形裂缝和宽裂缝，裂缝最宽可达 5cm，房屋墙体接合部局部出现开裂现象。

Ⅶ度区内土石结构房屋多数被破坏，几乎所有屋顶均有瓦片掉落，甚至屋脊有瓦片被震断，墙体出现穿透性裂缝、宽裂缝和部分垮塌现象。少数房屋被毁坏，墙体开裂严重，石块墙、卵石-泥土墙、土坯墙有单面垮塌（照片 4－5）和局部垮塌的现象。

照片 4－5　宋家梁子一组土石结构民房震害照片（单面墙垮塌）

巴东县县城至东瀼口镇公路太溪线雷家坪南洞子沟可见山石崩落（照片 4－6），居民区附近输电铁塔剧烈摇晃。

照片 4－6　太溪线雷家坪洞子沟附近滚石照片（镜向：NE）

区内房屋晃动剧烈，屋内器物滑动甚至翻倒，商店内物品从货架高处掉落，门窗、屋顶、含卵/碎石墙体强烈作响，居民院内薄水泥硬化地面局部产生细裂缝，裂缝发育不规则。居民震感十分强烈，多数居民惊慌逃出房屋，少数居民感觉站立不稳、惊慌失措，个别有眩晕的感觉，并听到低沉巨响。

(2)Ⅵ度区：该区包括巴东县城区、官渡口镇东南部、东瀼口镇、信陵镇北部、溪丘湾镇南部和秭归县泄滩乡、沙镇溪镇西部，整体呈西细东粗的椭圆状，长轴走向近东西，长约 21.4km，短轴近南北向，长约 13.6km，面积达 25.1km^2。范围西起官渡口镇大坪村，东至泄滩乡洪家湾，北起溪丘湾乡石碾村，南到沙镇溪镇高潮村。

巴东县城内框架结构房屋多为 6～14 层，大多数基本完好，天花板上乳胶漆局部产生小型鼓包、开裂，在天花板、墙体接合部和窗沿出现细裂纹，这些裂纹均未切入墙体，且延伸不远，长度大多数小于 2m，局部有瓷砖脱落。个别轻微破坏，巴东县林业局大楼二楼办公区有十几块铝制吊顶被震落，伸缩缝处地面瓷砖开裂，一楼档案室内外贴瓷砖处局部产生裂缝，有两根承重柱产生裂纹，但该裂纹未深入混凝土柱体，最底层也有柱体顺瓷砖贴合处产生长裂缝。

砖混结构民居，多数基本完好，墙体水泥涂层、瓷砖有开裂或脱落现象，墙角、天花板出现细裂纹。少数轻微破坏，外贴瓷砖被斜裂纹切穿，墙角、天花板、窗沿等与墙体结合处局部出现裂缝。个别中等破坏，预制砖、空心水泥砖墙体、房屋墙体接合部、现浇板与墙体接合部出现明显裂纹，裂纹延伸较长，甚至切割砖块，贯穿整个墙体，在范家坪村九组王家庄有两栋 3 层楼房，三楼墙体均出现较大裂缝，非承重部位出现穿透性裂缝(照片 4－7)。

照片 4－7　秭归沙镇溪镇范家坪村九组砖混结构建筑个别中等破坏照片

区内土石结构房屋多数破坏，墙体出现穿透性裂缝、宽裂缝。这些裂缝延伸长，局部宽度可达 3cm。在秭归县沙镇溪镇双院村一组，石砌墙体洒落大量碎石。少数毁坏墙体大面积开裂，掉土块、石块严重，石块墙、卵石-泥土墙、土坯墙有局部垮塌的现象。范家坪村九组王家庄有多座土坯房屋墙角垮塌，落下较大的土块砸坏了木质楼梯，屋顶叠瓦有错断现象。

区内房屋晃动强烈，屋内桌上器物移动，门窗、屋顶、含卵/碎石墙体作响。几乎所有屋顶均有瓦片掉落，居民震感十分强烈，绝大部分居民惊慌逃出房屋，并听到低沉巨响，高潮村有位瓦工从施工架上摔落。

(3)有感区：根据电话调查结果，湖北省枝江、南漳、谷城、竹山、恩施、鹤峰城区震感强烈。有感区范围长轴走向为北东向、长约 370km，短轴长约 293km，面积约为 85 910km^2。地震波及湖北、河南南部、重庆东部和陕西东南一带。有感区内多数室内人员有感，高处人员有强烈震感，室内器物摇动，门窗作响，房屋破坏现象少见。

二、构造地质条件

1. 区域地震地质背景

巴东 $M5.1$ 级地震发生于印支期—燕山期上扬子台褶带奉节-秭归复向斜轴部侏罗纪秭归盆地西端。这一部位也是北西向南大巴山台缘弧形褶皱带与北东向八面山弧形褶皱带会聚部位。晚中生代以来，鄂西上扬子台褶带转变为北北东向隆起，巴东、秭归、巫溪、兴山、神农架地域则位于其隆起区北端部。该端部的北缘边界即为北西向城口-房县弧形断裂带。这一端部地区巴东、秭归沿江地带高程普遍低于 1700m，呈低山、低中山地形；而其北侧神农架为中山、低中山地形，高程普遍大于 2000m，最大高程大神农架达 3052m。长江南侧至清江分水岭地带普遍为低中山地形，云台荒、火烧坪最大高程达 1900～2200m。这种构造地貌特征显示了鄂西北北东向隆起端部在纵向伸长受到约束挤压的同时，产生横向的波状弯曲变形特征。

鄂西北北东向隆起的轴部位于黔江、咸丰-恩施-建始晚中生代雁列断坳带，第四纪以来仍维持低凹槽谷的地貌特征。这一纵张断坳带为中强地震构造，曾自南而北先后发生 1855 年彭水 $M4\frac{3}{4}$ 级地震、1856 年咸丰大路坝 $M6\frac{1}{4}$ 级地震、1931 年利川清坪 $M5.0$ 级地震和 1979 年秭归龙会观 $M5.1$ 级地震，显示向北东迁移的地震活动现象(图 4 - 31)。与此相对应的早、中更新世北北东—北东向断裂构造为郁山断裂、黔江-黄金洞断裂、咸丰断裂、恩施断裂、建始断裂和周家山断裂以及高桥断裂。因此《中国地震动参数区划》(2001 版，2015 版)，将此带划分为 $M6.0$～6.5 级地震潜在震源区带。其中巴东潜在震源震级上限为 $M6.5$ 级，与已发生过 $M6\frac{1}{4}$ 级地震的黔江-咸丰潜在震源($M6.5$)相当。此外，由于长江三峡水利枢纽工程坝高、库容大，且具有库区发育多条第四纪早期活动的断裂与碳酸盐岩岩溶发育等易于诱发地震的条件，因而三峡工程库首区水库诱发地震问题一直被有关部门和专家学者们关注研究。中国地震局地震研究所、湖北省地震局(1998)认为，在库首区庙河—香溪段(秭归西陵峡段)有发生 $M \leqslant 5.0$ 级诱发地震的可能性，在库中区牛口—碚石段(巴东段)有发生 $M \leqslant 5.5$ 级诱发地震的可能性。

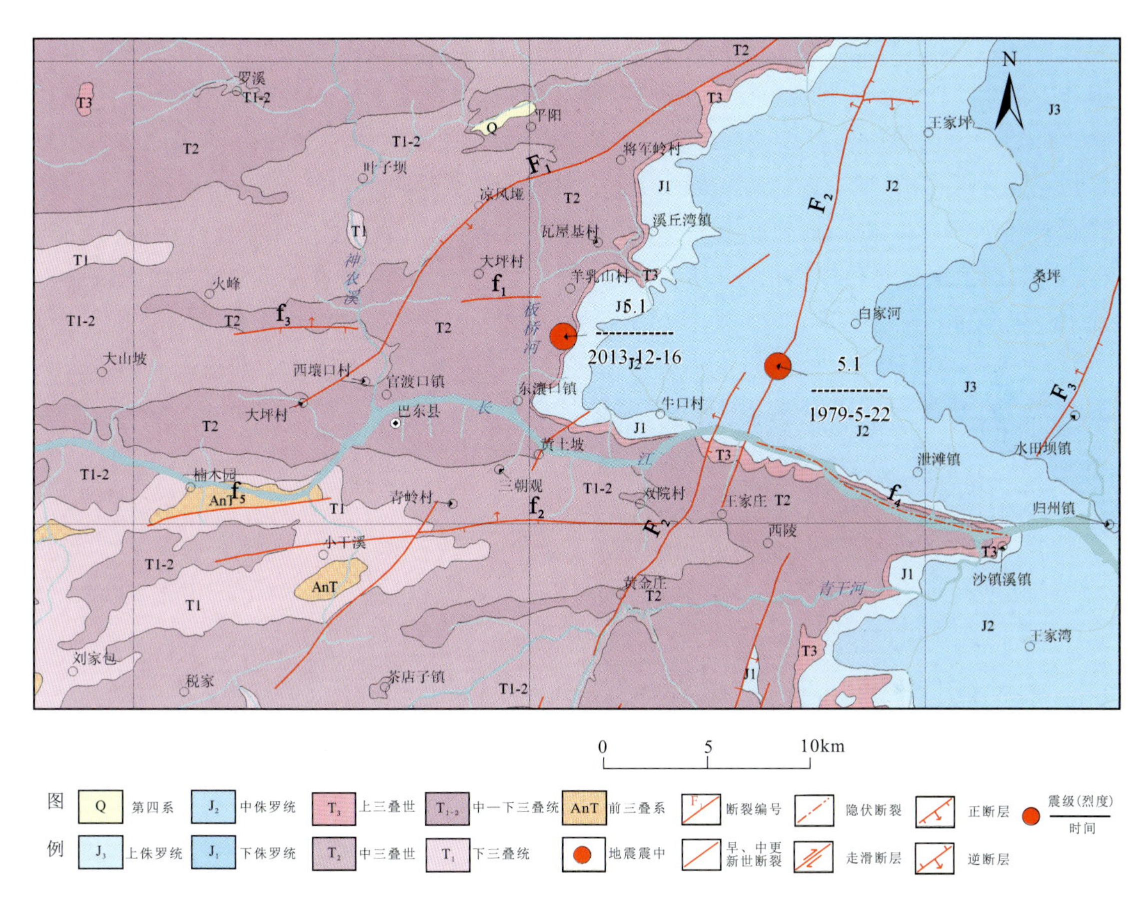

F_1. 高桥断裂；F_2. 周家山-牛口断裂；F_3. 新华-水田坝断裂；f_1. 大坪断裂；f_2. 马鹿池断裂；f_3. 观音堂断裂；f_4. 泄滩断裂；f_5. 楠木园断裂。

图 4-31　巴东 $M5.1$ 级地震震中区构造地质图

2. 地层

2013 年 12 月 16 日巴东 $M5.1$ 级地震发生于侏罗纪秭归盆地西端部位，即奉节-秭归复向斜轴部，地表出露上三叠统—侏罗系(T_3—J)内陆湖相地层和早—中三叠世海相地层。依据奉节-秭归复向斜两翼古生界至新元古界调查资料，震中区地层自上而下为：中三叠统—石炭系(T_2—C)，厚约 3.25km，以碳酸盐岩建造为主；泥盆系—志留系(D—S)，厚约 1.5km，以泥砂质建造为主；奥陶系—震旦系(O—Z)，厚约 1.5km，以碳酸盐岩建造为主；下伏川中式结晶基底。

3. 高桥断裂带

秭归盆地西北缘边界构造为北东向高桥断裂带(图 4－32)。该断裂带形成于印支期—燕山期,长约 50km,走向北东(40°～50°),总体倾向南东,倾角 50°～70°,剩余逆断左旋位错量达 6km,切割上地壳底部至中地壳上端。断裂地表线性影像清晰,强烈破碎的构造岩带宽 10～50m,沿线发育负向沟谷、槽谷地形,尤其是切割三叠系巴东组(T_2)、嘉陵江组(T_1)地段断裂岩溶带发育显著。该断裂北西侧主要为神农架中山、低中山区,南东侧主要为低中山、低山区,表明断裂构造线具有控制地貌单元的作用。据中国地震局地质研究所(2012)调查,在高桥镇北,断裂发育于三叠纪灰岩与泥岩之间,产状 60°/SE∠70°,切割上覆姜黄色冲洪积砾石层(Qp_3),砾石磨圆度很好,逆断距约 1m。据此综合判定晚更新世该断裂曾有活动(照片 4－8,图 4－32)。

照片 4－8　高桥断裂带高桥镇北断裂剖面局部照片
(据中国地震局地质研究所,2012)

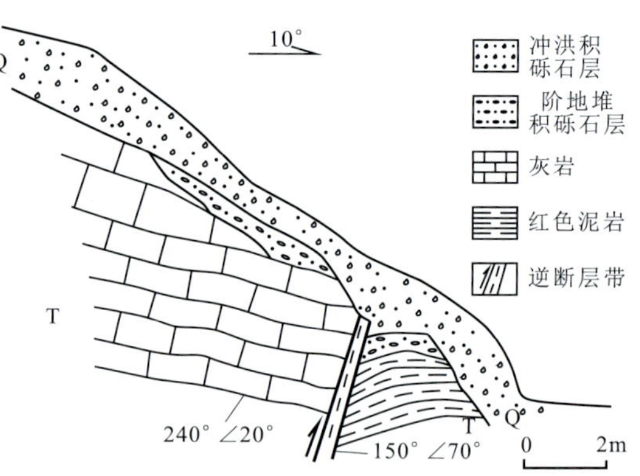

图 4－32　高桥断裂带巴东高桥镇北断裂剖面
(据中国地震局地质研究所,2012)

4. 大坪断裂

在震中区北东向高桥断裂带南端段东侧(上盘),发育一条近东西向次级分支断裂,即大坪断裂。该断裂长约 7km,走向东西,倾向南,倾角 60°～70°。地表切割三叠系巴东组。该断裂东段切割宋家梁子形成山垭口和悬谷,向东切过东瀼河,止于东岸羊乳山;西段为断层溶蚀峡谷,相对落差约 700m。

该断裂具有清晰的线性影像,但断层两侧(上/下盘)山原期地貌面没有明显差异,因此判定断裂线性影像属构造岩和破裂带被侵蚀、溶蚀所致,该断裂属前第四纪断裂。

三、地震成因分析

1. 三峡水库地震活动概况

据湖北省地震监测中心测定，长江三峡水库于2003年6月开始蓄水后至2013年11月已达10年，M_L0级以上地震13 200余次，M_L3.0级以上地震近60次。在秭归—巴东重点监视区沿江地带形成了两个主要的诱震密集区，即巴东东瀼口—官渡口微震密集区和秭归香溪—郭家坝微震密集区。水库诱发地震与水库水位波动呈正相关，震源深度绝大部分为0～3km，甚至部分M_L3.0级地震震源深度在0m海拔附近，主要分布于沿江地带碳酸盐岩地层中，即厚约3.25km的三叠系、二叠系和石炭系中，与库岸再造和溶洞塌陷损毁以及矿坑淹没塌陷相关。但是随着蓄水时间延续，秭归香溪—郭家坝区微震频度明显下降，但强度有所增大，震源深度加大。如2008年出现秭归香溪M_L4.6级地震，震源深度为8km；2012年发生秭归郭家坝M_L3.8级地震，震源深度为7km，逐渐显示出非典型构造型诱发地震的特征。

巴东东瀼口—官渡口微震密集区(图4-33)又可细分为3个地震小区，其一为官渡口以西至培石长江巫峡库岸密集带，其二为官渡口西北火烽村东西向密集带，其三即为巴东县城长江段及其江北东瀼口、官渡口至坪阳坝三角形微震密集区。测震分析和现场调查表明，官渡口以西巫峡诱震带主因为库岸再造与岩溶塌陷及煤矿淹没塌陷，如楠木园煤矿塌陷、火焰石、马鬃山溶洞塌陷。火烽村诱震带主因为暗河溶洞塌陷和膏盐矿淹没溶蚀塌陷。巴东江北诱震区主因则为神农溪、东瀼河库岸溶洞塌陷，膏盐矿层溶蚀塌陷，高桥断裂、大坪断裂断层岩溶带塌陷调整，以及宋家梁子库岸微地块重力均衡调整等。

2. 巴东 *M*5.1 级地震主要特征

据湖北省地震监测中心陈俊华和吴海波(2014)分析研究，巴东*M*5.1级地震具有如下特征。

(1)这次巴东*M*5.1级地震发震时段与2013年12月三峡水库高水位(175m)运行正相关，发震时间稍滞后于175m目标水位达到之后(173m)，与10年来历次高水位时段地震活动相对活跃类似。

(2)巴东*M*5.1级地震发震前两个月震中区微震活动相对平静，然后突然发生*M*5.1级主震。

(3)*M*5.1级主震震源深度为5km，余震分布于5～7km范围内，但绝大多数分布于5～6km。

(4)余震($M \geqslant 1.5$)主条带走向东西，长约8km，宽1.5～2km，主震位于余震条带东端部(图4-34)，显示主震具有自东向西的破裂过程。余震附带位于主带西端南西侧，走

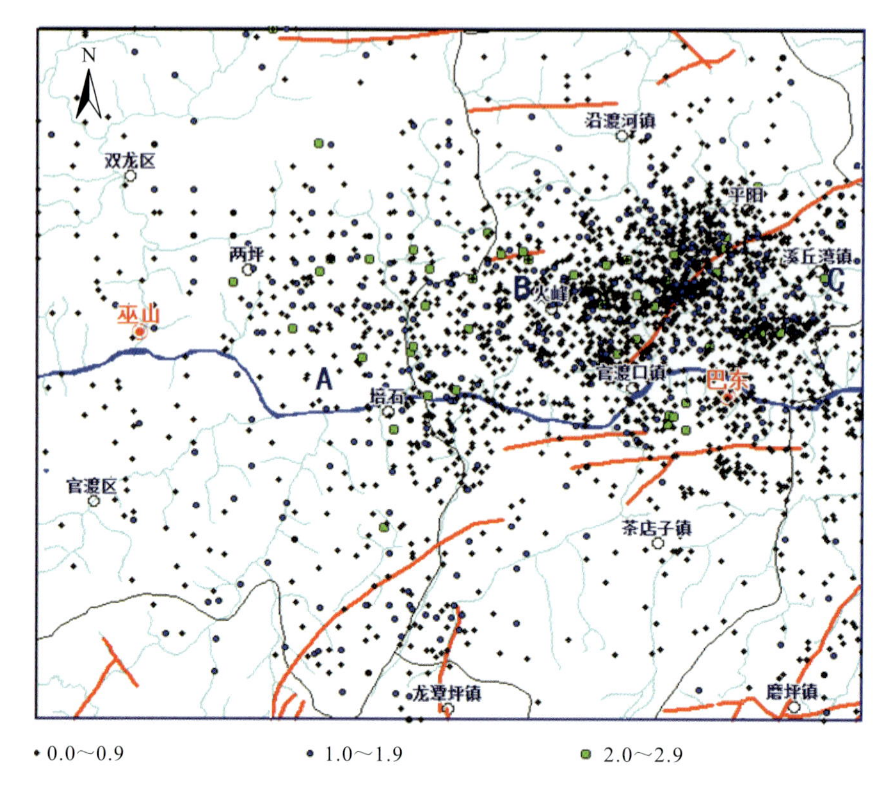

A. 巫峡密集带；B. 火烽密集带；C. 东瀼口、官渡口至坪阳坝三角形密集区

图 4－33　巴东库段蓄水地震分布图(2003 年 6 月—2013 年 11 月，$M \geqslant 0$，据陈俊华，2014)

向北东，长约 2km，最大震级为 2014 年 1 月 20 日东瀼口 $M3.0$。

(5)$M5.1$ 级地震余震序列的频度、强度波动衰减，$M2.0$ 级以上地震由最初的 1 次/h，迅速衰变到 5 次/h 以上(图 4－35)。地震震源集合体没有在三维空间中扩展生长，维持在与 $M5.1$ 级主震相当的震源体范围内。

(6)巴东 $M5.1$ 级地震序列($M \geqslant 2.2$)震源机制解(下半球)：P 轴优势取向北西-南东，仰角 30°～58°；T 轴优势取向北东-南西，仰角 2°～50°(图 4－36)。12 月 19 日的 $M2.5$ 级地震发生于江边的官渡口镇附近，基本位于余震群的最西端，距高桥断裂带地表迹线不到 1.3km，因而其震源机制解结果与其余靠近东西向大坪断裂的地震的震源机制解不同。

(7)巴东 $M5.1$ 级主震震源机制解为右旋正倾滑断层作用，近东西向节面为发震断层，倾向南，倾角 61°(吴海波，2014)；余震活动以正倾滑断层作用为主，兼有正走滑断层作用，还有少量为逆走滑断层作用。

(8)巴东 $M5.1$ 级地震序列具有低拐角频率(1.2～2Hz)和较高 b 值(0.81)的属性。

综上所述，巴东 $M5.1$ 级地震序列具有非典型构造型诱发地震属性。

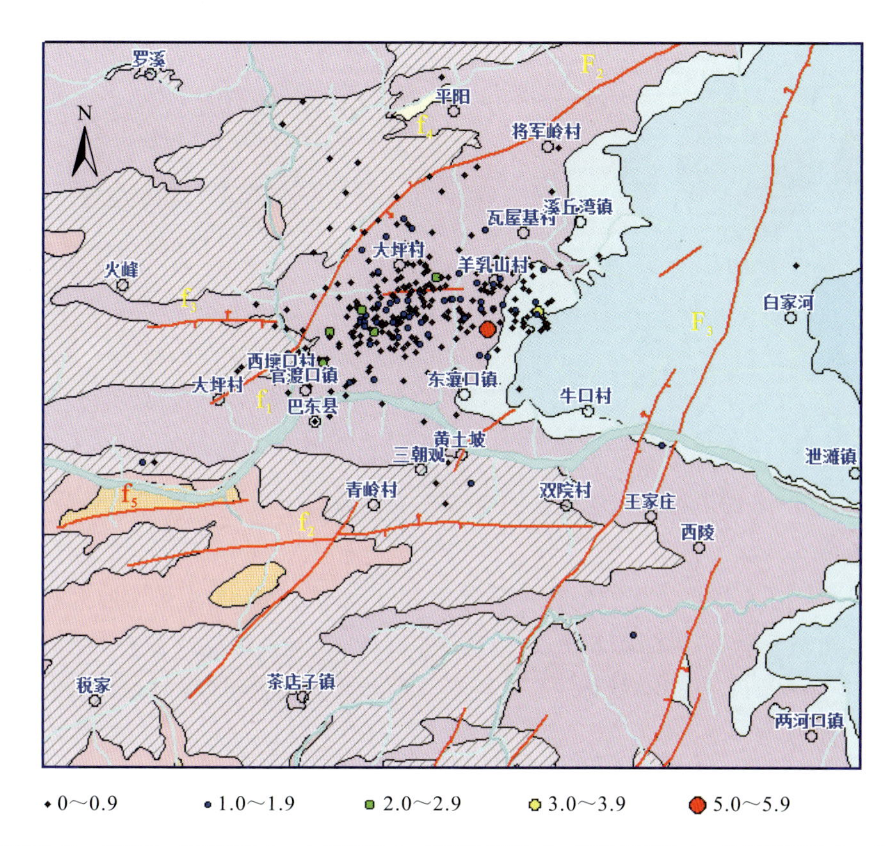

F_2. 高桥断裂；F_3. 周家山-牛口断裂；f_1. 大坪断裂；f_2. 马鹿池断裂；f_3. 观音堂断裂；f_4. 平阳坝断裂；f_5. 楠木园断裂

图 4-34 巴东 M5.1 级地震与余震分布(据陈俊华,2014)

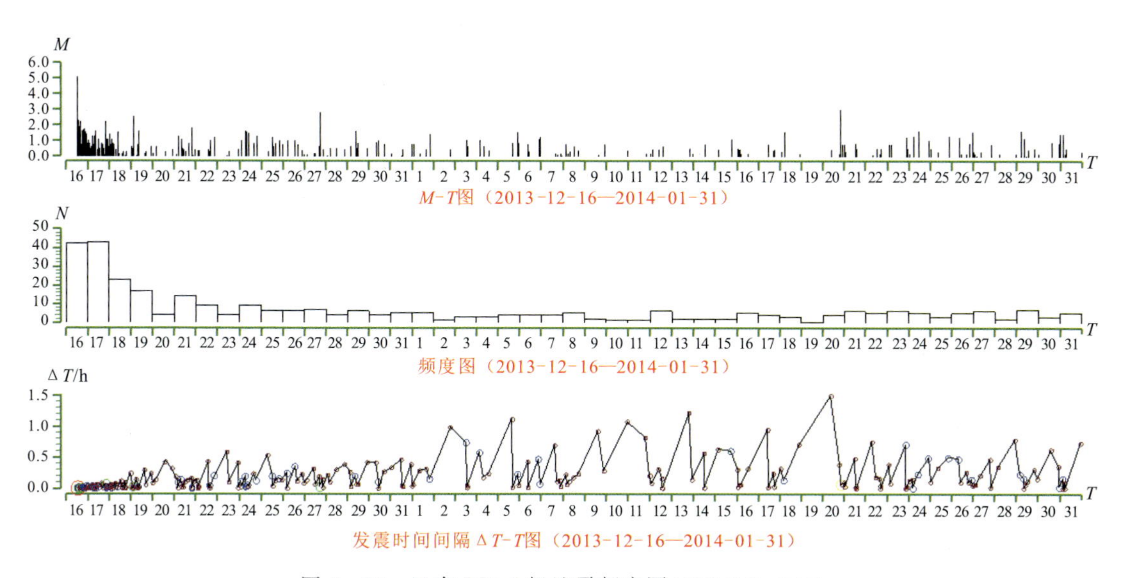

图 4-35 巴东 M5.1 级地震频度图(据陈俊华,2014)

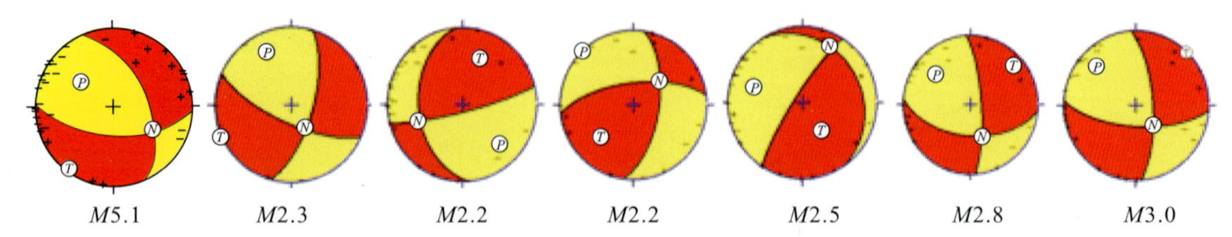

图 4-36　巴东 M5.1 级地震及余震震源机制解(据陈俊华和吴海波,2014)

3. 巴东 M5.1 级地震的成因分析

综合上述巴东震中区地质构造与巴东 M5.1 级地震序列资料进行相关分析,可以获得如下认识。

(1)巴东 M5.1 级地震序列中绝大多数余震呈条带状展布于近东西向大坪断裂的上盘,按主震断层节面、震源深度及余震深度变化在 5～7km 范围以及震中集合在地表的投影宽度为 1.5～2km,推断地震断层与大坪断裂的产状相近似,即走向东西,倾向南,倾角 60°～70°。此外,大坪断裂为沉积盖层构造,其长度为 7km,与 M5.1 级震源体尺度相匹配。

(2)按巴东 M5.1 级地震断层相关样本值(长 8.3km、深 3.6km)推断,M5.1 级地震断层的上断点为 3.2km,下断点为 6.8km。这一地震断层切割的地层应为泥盆系—志留系和奥陶系—震旦系,属非易震层沉积盖层。

(3)巴东 M5.1 级地震余震活动显示了起伏衰减特征。这种起伏衰减特征除了震源破裂后的固有应力调整外,库水进入高温过热震源体后产生的热膨胀效应也是余震必将持续一段时间的重要因素之一。

(4)近东西向大坪断裂为前第四纪断裂,长约 7km,其切割的上部地层(三叠系—石炭系)厚约 3.25km,为碳酸盐岩建造,发育线性断层岩溶带。三峡水库蓄水后,此断层岩溶带在断层上盘岩层均衡重力与断层内库水动孔隙压作用下,经历了 10 余年的岩溶塌陷损坏,导致上部断层内受力支撑体系的破坏失稳,于是在断层中部泥盆系—志留系厚 1.5km 的泥砂质隔水岩层形成应力集中和应变累积,形成向下破裂的震源体(图 4-37)。必须指出:泥盆系和志留系泥砂质岩层遭受破裂演变成构造岩胶结或固结后仍属隔水岩块。此外,大坪断裂南侧的宋家梁子微地块被近东西向长江和两侧的南北向神农溪、东瀼河深切河谷围限,三峡水库蓄水后其碳酸盐岩库岸再造及内侧岩溶孔洞、膏盐层的破坏性改造,伴生着 10 年来微震、极微震和少数小震的持续活动。这一微地块山体重力集中荷载导致其各相关地层不同结构面的调整性活动,对其北缘边界大坪断裂上部断层岩溶带的损坏失稳,也起到了至关重要的作用。简言之,三峡水库蓄水导致大坪断裂上部岩溶带损坏失稳，是其中下部地震诱导生成的主因，而近东西向大坪断裂及其发育的断层岩溶带则是其先成性构造-水文地质基本条件（图4-37）。

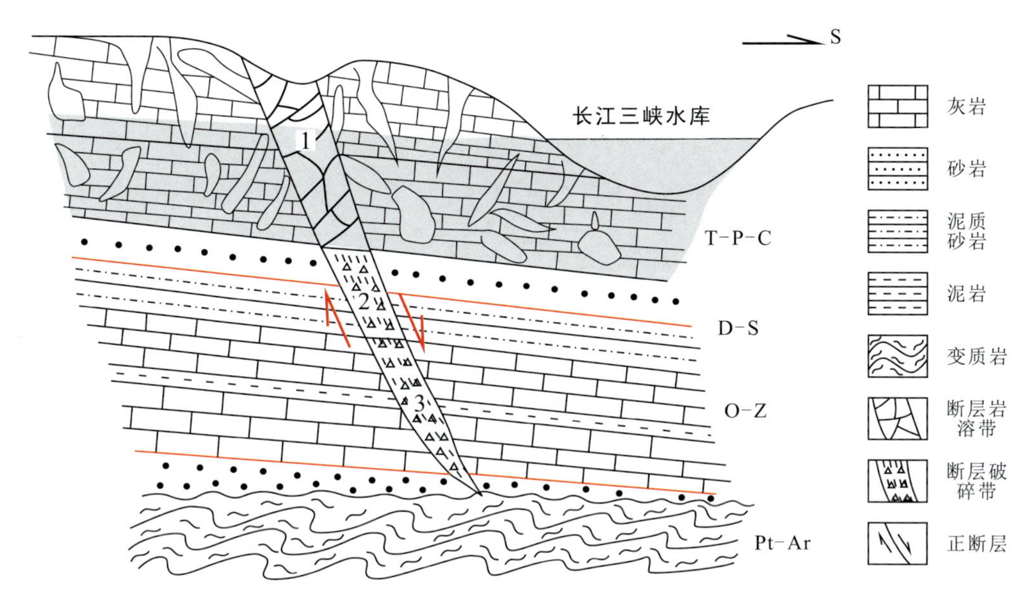

1. 大坪断裂上部碳酸盐岩断层岩溶带（T_2-C 三叠系—石炭系），失稳区；2. 大坪断裂中部隔水岩层带（D-S 泥盆系—志留系），应力集中应变累积震源核区；3. 大坪断裂下部碳酸盐岩带（O-Z 奥陶系—震旦系），震源扩展破裂区。

图4-37　2013年12月16日巴东 $M5.1$ 级地震大坪断裂发震构造模型图

（5）余震附带大体位于高桥断裂南西端段南东侧上盘，即官渡口北，走向北东，长约2km，最大地震震级 $M3.0$ 级，走滑破裂机制。这是大坪断裂右旋正倾滑破裂对边界主构造高桥断裂的局部作用所致。

（6）高桥断裂官渡口—平阳坝段没有同时出现北东向地震条带，但是10年来沿此断层岩溶带微震、小震较多，也在滑动调整过程中。它对其上盘构造大坪断裂的应力调整或多或少起到某种控震作用。因为北东向高桥断裂与其上盘东西向次级大坪断裂构成的楔形微断块沿主断面倾滑时，必然对大坪断裂面产生右旋剪切作用，导致近水平的北西向主压应力轴向。这与大多数震源应力解匹配。

（7）1979年5月22日秭归龙会观 $M5.1$ 级地震为孤立型构造地震，测震震源深度为16km，震中区烈度为Ⅶ度。这一地震震中位于2013年12月16日巴东 $M5.1$ 级地震东侧10km处，但其震源位置却位于中、上地壳临界处易震层中。巴东 $M5.1$ 级地震位于上地壳上部非易震沉积盖层中，其应力集中-应变累积的条件以及破裂强度远逊于前者，很大程度上受制于局部山体均衡重力作用的影响，是非典型构造型地震。

第十八节　2014年3月湖北秭归 M_L4.7、M_L4.9级双震

2014年3月27日和3月30日，湖北省宜昌市秭归县分别发生 M_L4.7级地震和 M_L4.9级地震，震中地理坐标为N30.92°、E110.77°，是一个典型的双震型地震序列。

一、地震简况

M_L4.7级地震震源深度6.5km，宏观震中位于原郭家坝镇东（图4-38a），上下震感较强，如雷鸣，震中烈度为Ⅴ度。Ⅴ度区长轴呈北北西向，长约25km；短轴大致呈南东向，长约15km。据陈俊华等（2007）的研究，M4.7级地震震源机制解：断层节面Ⅰ走向142°，倾角60°，滑动角0°；断层节面Ⅱ走向52°，倾角90°，滑动角150°；节面Ⅱ为发震断层面，具右旋走滑性质。

M_L4.9级地震震源深度为7.5km，宏观震中位于郭家坝镇东（图4-38b），上下震感较强，如雷鸣，震中烈度为Ⅴ度。Ⅴ度区范围东至秭归县太平溪镇，南到杨林桥镇附近，西到两河口镇、泄滩乡，北到普安乡附近。Ⅴ度区长轴呈北北西向，长约48km，短轴大致呈北东东向，长约36km。Ⅴ度区面积约为1300km²。Ⅵ度区的范围涉及郭家坝镇头道河村、擂鼓台、邓家坡村的部分区域，沿江岸回填区有少数房屋裂缝，窗玻璃破碎。Ⅵ度

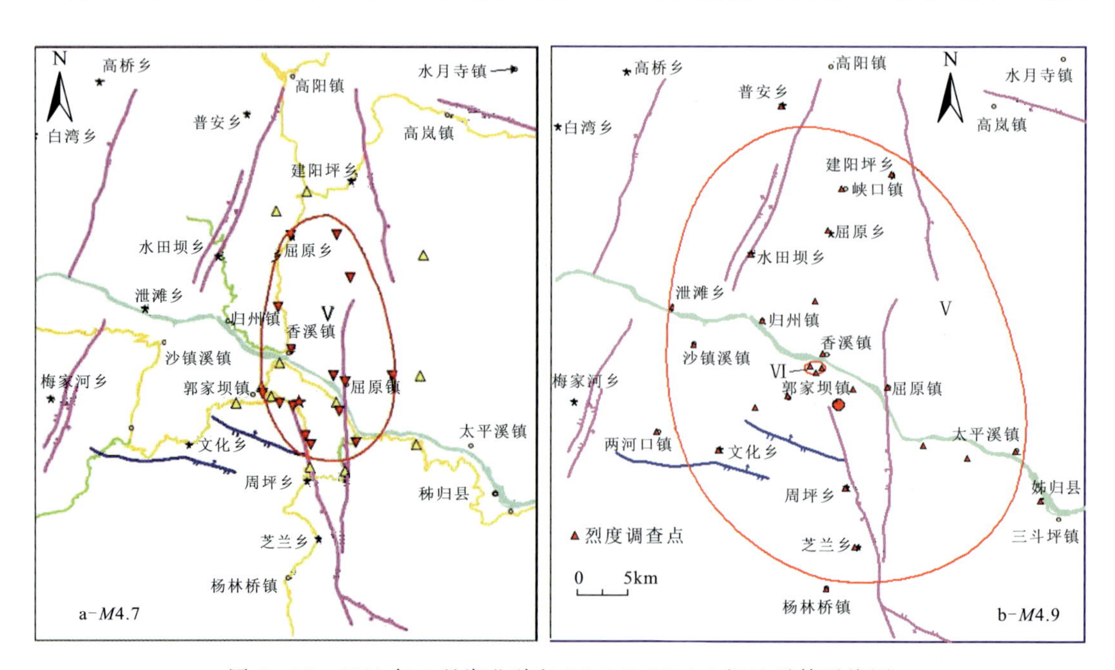

图4-38　2014年3月湖北秭归 M_L4.7、M_L4.9级地震等震线图

异常区长轴近东西走向，短轴近南北走向，面积约为 $2km^2$。Ⅵ度异常区基本沿长江南岸呈长条状展布。据陈俊华等(2017)的研究，$M4.9$ 级震源机制解：节面Ⅰ走向 226°，倾角 53°，滑动角 156°；节面Ⅱ走向 331°，倾角 71°，滑动角 40°；节面Ⅰ为发震断层面，具右旋逆走滑性质。

据陈俊华(2017)的研究，2014 年 3 月秭归郭家坝 $M_L4.7$、$M_L4.9$ 级双震之前秭归香溪—周坪重点监视区段水诱震具有如下特征。

(1)微震主要分布于仙女山断裂北端段与九畹溪断裂夹持的断块内，荒口以北。地理位置上，微震主要分布于香溪河东侧至屈原镇龙马溪西侧九头岭南北一线。锣圈荒、杨林桥亦有少量微震发生(图 4-39)。

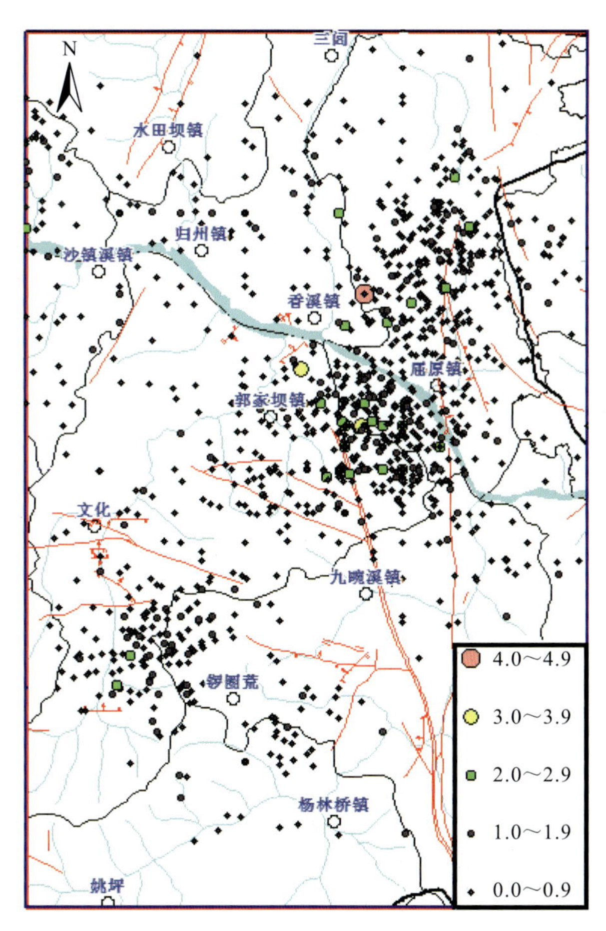

图 4-39 2003 年 6 月—2014 年 2 月仙女山断裂北段至香溪峡口一线地震态势(据陈俊华，2017)

(2)$M_L4.7$、$M_L4.9$ 级双震之前仙女山断块呈现活跃的水库诱发地震态势，2008—2009 年和 2012—2013 年时段相对活跃(图 4-40)。

据陈俊华(2017)的研究分析，秭归 $M_L4.7$、$M_L4.9$ 级地震震源集合体位于仙女山断

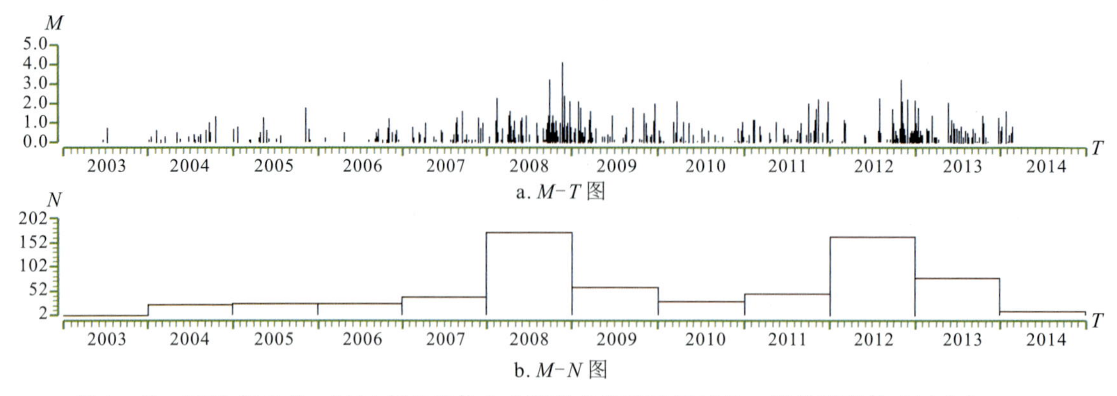

图 4-40　2003 年 6 月—2014 年 2 月仙女山断裂北段至香溪峡口一线地震态势(据陈俊华,2017)

裂北端东北翼,主要约束于江南,呈现北东走向和近南北向副带图像(图 4-41)。M_L4.7、M_L4.9 双震均具逆走滑断层作用(图 4-42)。主要地震震源深度达 5~7km(图 4-43)。3 个月累计地震震级-频度关系式中 b 值为 0.610 4(图 4-44),表明地震态势已经恢复平稳状态(图 4-45)。

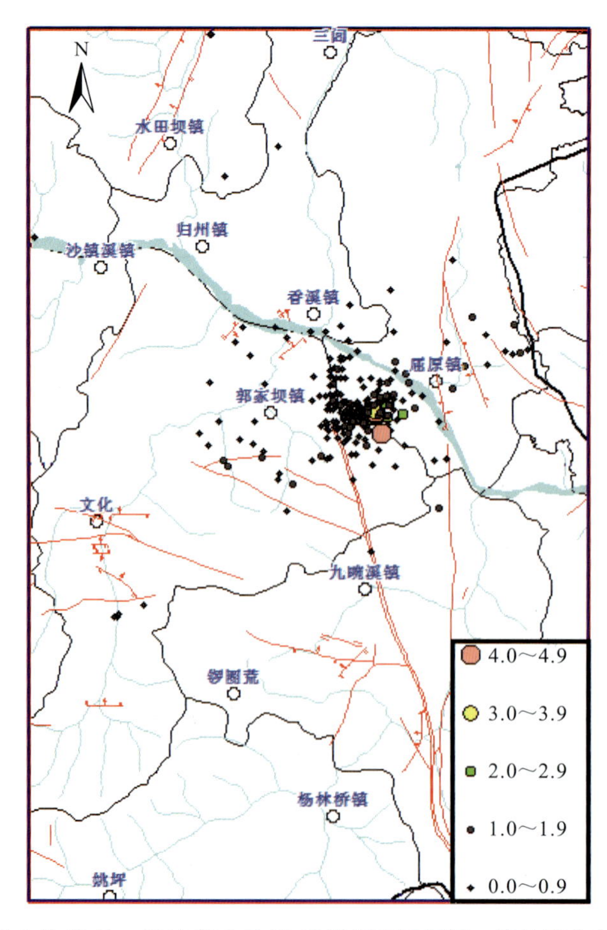

图 4-41　2014 年 3 月 27 日—2014 年 6 月 30 日周坪至屈原镇一线地震分布图(据陈俊华,2017)

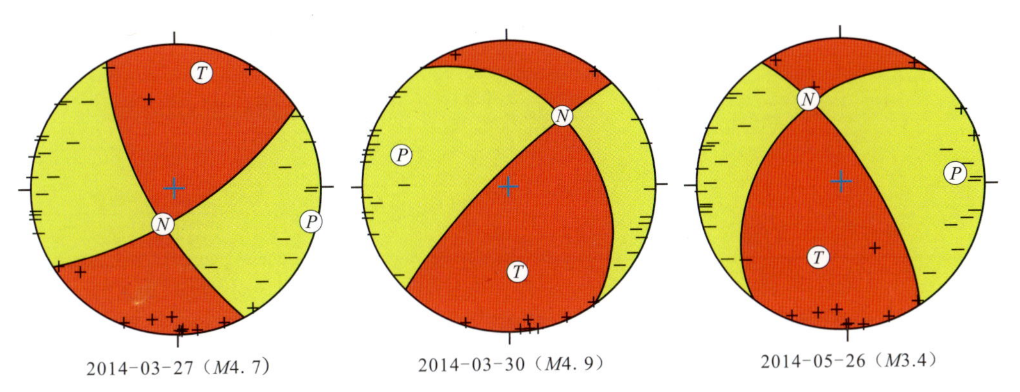

图 4-42 2014 年 3 月 27 日—2014 年 6 月 30 日周坪至屈原镇地震震源机制解
（据陈俊华，2017）

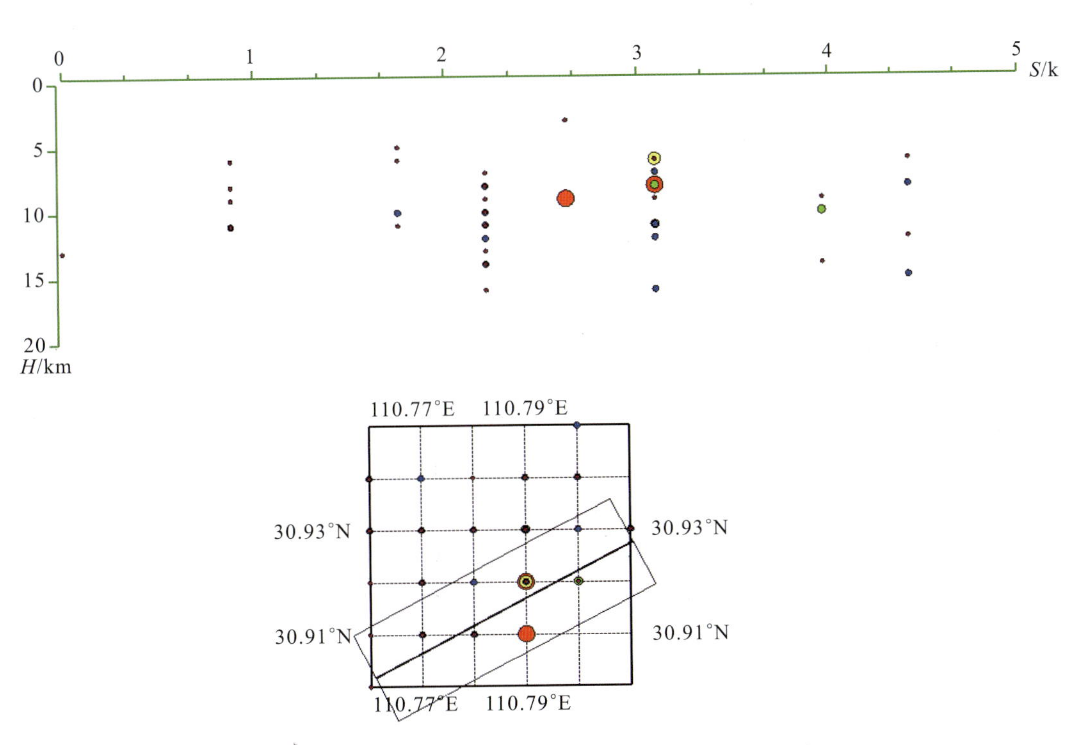

图 4-43 郭家坝地震震源深度剖面（2014/03/27—06/10）

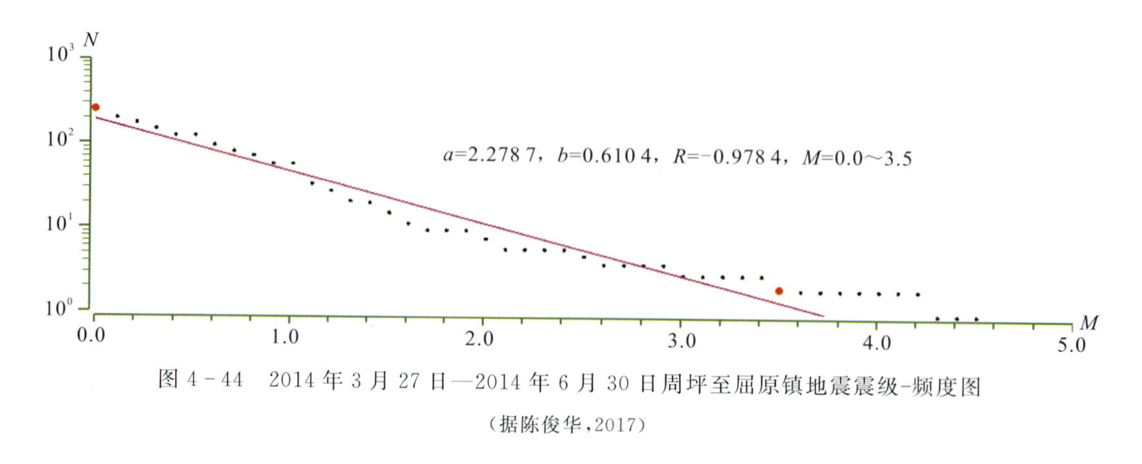

图 4-44　2014 年 3 月 27 日—2014 年 6 月 30 日周坪至屈原镇地震震级-频度图

（据陈俊华，2017）

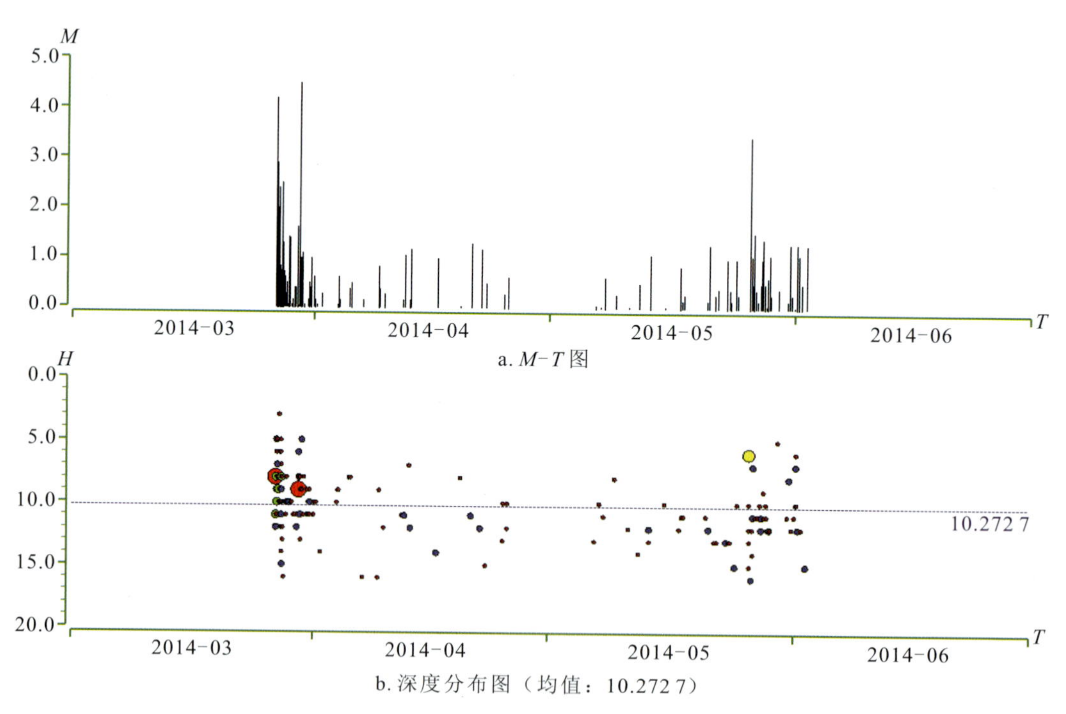

图 4-45　郭家坝地震 $M-T$ 图(a)及地震震源深度剖面(b)

二、构造地质条件

郭家坝 M_L4.7、M_L4.9 级双震震中位于黄陵背斜西翼，仙女山断裂和九畹溪断裂相夹区域——仙女山楔形断块内。黄陵背斜西侧秭归向斜轴向总体呈近南北向，向斜槽部由上侏罗统蓬莱镇组组成，产状平缓，倾角 10°～20°，两翼由上侏罗统遂宁组—上三叠统沙镇溪组组成，地层倾角增大到 20°～30°。黄陵背斜轴向 10°左右，核部由古元古界崆岭群各类变质岩组成，西翼为震旦系—三叠系，地层倾角 25°～60°。

黄陵背斜南西侧仙女山断裂带走向北北西(340°～350°)，自北向南由仙女山断裂、都镇湾断裂和桥沟断裂组成，总长近 100km。它是与燕山期东西向长阳复背斜同期形成的横向剪切转换构造，向下深切至中地壳顶部，构成黄陵断块西南侧部分边界，地表破裂系统最大宽度可达 5km，喜马拉雅期仍有多次逆走滑运动，导致主干断裂具有宽 10～30m 的松散复杂的构造岩带和断层充填堆积，以及发育断层槽谷与断崖滑坡堆积。此次郭家坝 $M_L4.7$、$M_L4.9$ 双震震中附近属该断裂带的北段，即仙女山断裂，北起秭归风吹垭，南至包庙，倾向 250°，倾角 60°～70°，长约 25km。

对已有断层活动年代测试结果的分析表明，仙女山断裂带第四纪主要活动时代为早、中更新世，最新测年结果为 15 万 a 左右。地貌上，沿主干断裂发育的断层崖巍峨挺拔。断裂两侧夷平面变位结果显示，中新世末期以来断裂垂直错距约 200m。河流阶地 T_1～T_4 的变形表明中更新世以来断裂垂直错动 15m。断裂现今位移观测资料表明，仙女山断裂带北段右行扭动和垂直形变速率分别为 0.12mm/a 和 0.06mm/a。

断块东侧为九畹溪断裂。该断裂位于黄陵背斜西南侧，南起和尚崖东坡周家湾，向北于新滩下游 3km 路口子处横过长江，至巴东方向一带消失，构成仙女山微地块东侧边界。断裂走向近南北，倾向西或东，倾角 65°～80°，切割寒武系—志留系。主断裂和构造岩内部结构在各段有不同表现。地貌上该断裂沿线多呈负向沟谷或狭窄的河谷，两侧具有 50～200m 的反差幅度。大量断裂物质测年结果集中于中更新世中晚期。1972 年，在该断裂与仙女山楔形断块内曾发生 $M3.8$ 级地震。

三、地震成因

秭归郭家坝 $M_L4.7$、$M_L4.9$ 级地震震中位于仙女山断裂和九畹溪断裂相夹的仙女山楔形断块中。仙女山断裂和九畹溪断裂右旋活动致使断块运动在前方收敛，楔形块体隆起(仙女山海拔达 2 426.9m)，内部沉积盖层中产生一系列先成性次级破裂构造(图 4-46a,b)。本次双震形成是震源体(长轴走向北东，长约 6km)由西向东、由浅部向深部破裂发展的结果，其上界约 5km，下界约 10km。地震序列 b 值约为 0.61，主压应力轴北西西向仰角较小，显示了某些构造地震特征。这次地震活动发生于三峡水库 175m 高水位下降至 160m 时段，产生的荷载应力调整和动孔隙压作用可能诱使该区应力释放，或者说水位波动触发了近库岸地带临界状态构造震源体能量释放，显示正相关。应该指出的是，这次双震震源体位于沉积盖层与结晶基底界面附近。在经历了 10 余年断层岩溶带缓慢塌陷型水库诱发地震破裂后，仙女山楔形断块北端区局部活化，震源体处于演化进程之中，尤其是仙女山山体重力均衡作用导致向长江河谷方向侧向挤压，形成北东向震源断层右旋逆走滑破裂机制。这一机制有悖于仙女山断裂带长趋势右旋走滑特征。它是水库诱发地震环境中诱导生成的结晶岩系断裂事件，仍属亚构造诱震类型，显示了仙女山楔形断块内有水条件下低强度新破裂断层的发展进程。

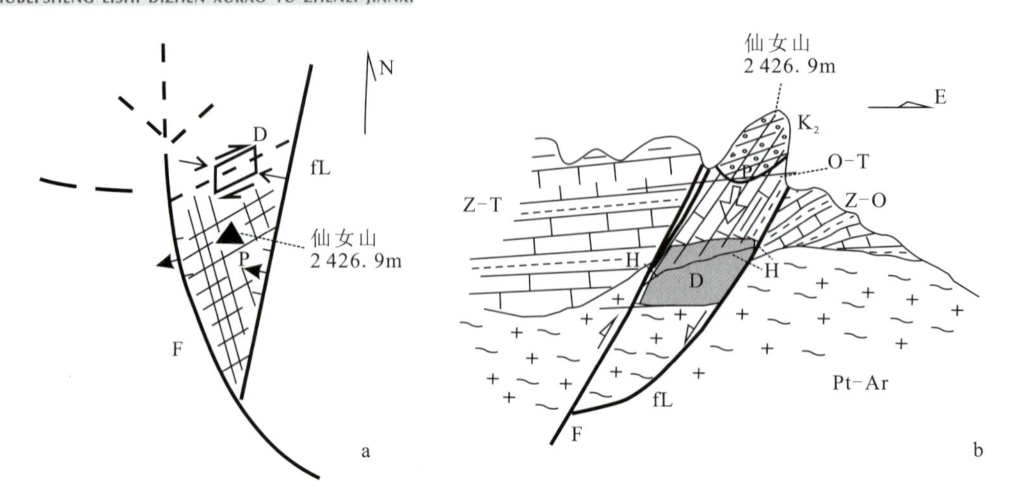

a. 仙女山断裂带北端段仙女山楔形断块平面示意图；F. 仙女山断裂；fL. 九畹溪断层；D. 隐伏地震破裂；F、fL. 控震构造；D. 发震构造；b. 仙女山楔形断块与 *M*4.9 级地震震源剖面模型图；F. 仙女山断裂；fL. 九畹溪断层；D. *M*4.9 级地震破裂面；H. 岩溶失稳滑动带。

图 4-46　仙女山楔断块与 *M*4.9 级地震震源剖面模型图

第十九节　2019 年 12 月 26 日湖北应城 *M*4.9 级地震

一、地震基本参数

据湖北省地震监测中心测震资料及分析结果，应城地震基本参数如下。

发震时间：2019 年 12 月 26 日 18 时 36 分 34 秒。

震中位置：湖北省应城市杨岭镇（N30.87°、E113.40°）。

地震震级：*M*4.9 级。

震源深度：10km。

应城 *M*4.9 级地震发生后，于当日 18 时 42 分记录到应城 *M*2.2 级地震，之后于 27 日 6 时 53 分记录到应城 *M*1.1 级地震。截止到 12 月 27 日 16 时，仅记录余震 2 次，*M*1～1.9 级地震 1 次，*M*2～2.9 级地震 1 次，判断这次地震活动为孤立型。

采用湖北省地震台网及邻近河南、陕西、重庆、江西及安徽地震台网交换资料，共约 50 个台站的 P 波初动符号，计算震源机制解结果如图 4-47 所示。

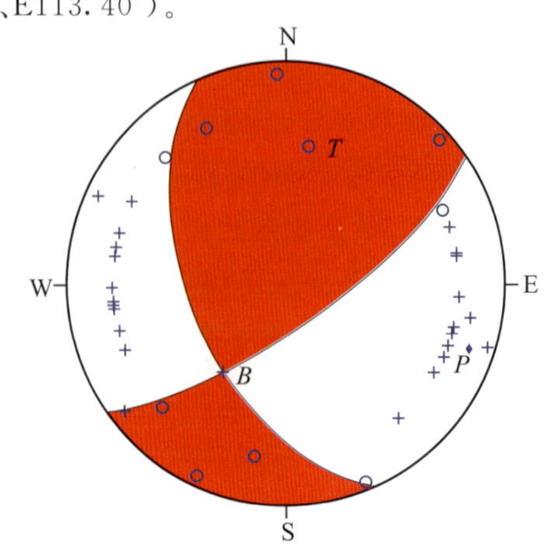

图 4-47　2019 年 12 月 26 日应城 *M*4.9 级地震震源机制解

图 4-47 中，节面Ⅰ的走向 54.7°，倾角 74.2°，滑动角 142.7°；节面Ⅱ的走向 156.3°，倾角 54.4°，滑动角 19.5°；P 轴走向 109.4°，倾伏角 12.7°；T 轴走向 9.6°，倾伏角 37.2°；B 轴走向 215.0°，倾伏角 50.0°。依据Ⅵ度等震线长轴为北西走向，判断节面Ⅱ为发震破裂面，具逆断走滑破裂机制。

二、烈度分区特征

本次烈度划分以《中国地震烈度表》(GB/T 17742—2020)为主要依据，同时考虑当地建筑物结构特点、房屋地基基础和场地地形地貌条件，综合确定不同烈度的划分标准。

据湖北省地震局地震现场工作队调查，本次地震的影响范围主要涉及应城市、京山市、天门市和汉川市，地震影响区房屋结构类型以砖混结构、砖木结构常见，有一定比例土木结构，砖砌体少、土坯房极少，但在农村保留一定量的土木、砖木结构老旧房屋，但较少，未住人，年久失修。

本次地震烈度调查，有效调查点 40 个，Ⅶ度点 1 个，Ⅵ度点 21 个，Ⅴ度点 16 个。根据震害调查及相关规范，地震烈度如图 4-48 所示。

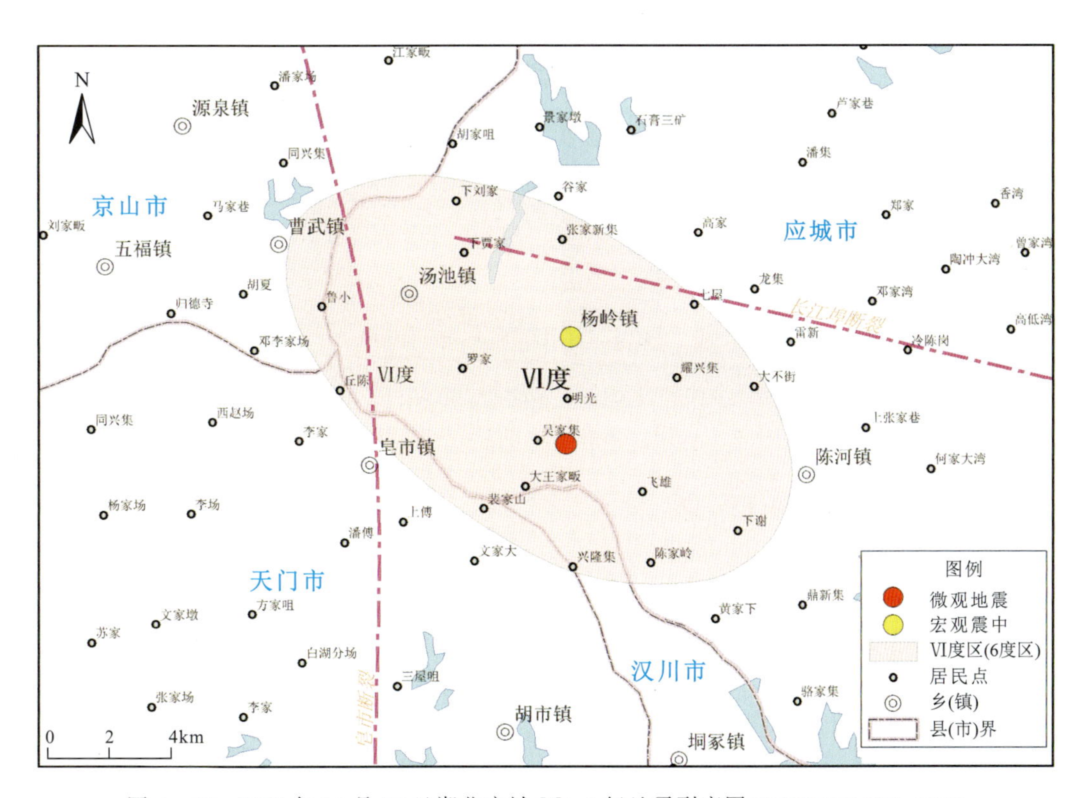

图 4-48 2019 年 12 月 26 日湖北应城 M4.9 级地震烈度图(据湖北省地震局，2019)

1. 宏观震中调查

本次地震宏观震中Ⅶ度点位于杨岭镇驻地，砖混结构房屋外墙瓷砖脱落，承重墙、隔墙发育穿透性墙体裂缝（照片 4－9）。三层砖混结构，2013 年修建，一排 17 户，前后两排，一户约 150m²，外墙瓷砖掉落，楼梯处墙壁出现较大裂缝。

照片 4－9　应城市肖杨线杨岭镇邮局对面摩天岭路砖混结构房屋墙体裂缝

2. Ⅵ度区

砖木结构房屋多数轻微破坏，墙体出现斜裂缝，这些裂缝窄而长，伴有墙皮、土块掉落；少数中等破坏，墙体出现切割深且延伸长的宽裂缝，外墙掉土块。结构性的石砌体结构（2 层）房屋，多数基本完好，少数轻微破坏，墙皮局部产生小型鼓包、开裂。非承重墙有穿透性裂缝，如"X"形裂缝和竖向长裂缝，但主体结构基本完好。

老旧的砖混结构房屋，基本完好，部分出现墙体水泥涂层、瓷砖微开裂或脱落现象，墙角、天花板出现细裂纹。少数轻微破坏，屋内天花板上产生细裂缝，墙体粉刷层、水泥涂层、瓷砖有开裂或脱落现象，外贴瓷砖被斜裂纹切穿，墙角、天花板、窗沿等与墙体结合处局部出现裂缝。

老旧房屋女儿墙掉落，陈旧性裂缝加大。旧式砖混楼房，主体结构房屋与后期扩建附属房屋接缝处出现裂缝、掉灰现象。砖木、砖混结构房屋表现为墙皮脱落，抹灰掉落，瓷砖震裂（里面有水管，为材料变形差异引起，顺着水管瓷砖震裂）（照片 4－10）。土木结构房屋已经陈旧，墙体原有裂缝有加大现象（照片 4－11）。

照片 4－10 应城市明光村徐山湾砖木、砖混结构房屋轻微裂缝导致瓷砖破坏

照片 4－11 应城市肖杨线南桥湾土木结构房屋裂缝加大现象

区内房屋有较强震动，时间较短。屋内桌上器物有一定移动。居民普遍反映震感强烈，大部分居民惊慌逃出房屋。

三、区域地震地质背景

2019 年 12 月 26 日应城 $M4.9$ 级地震发生于江汉-洞庭坳陷东北部，其次级构造为北西向云应凹陷南侧的龙赛湖凸起，继而与天门河断裂控制的小板凹陷相邻（图 4－49）。

江汉-洞庭坳陷为晚白垩世—新近纪准裂谷伸展构造，上叠于印支期—燕山期扬子褶皱带之上，历经晚白垩世—古近纪、新近纪和第四纪 3 期沉降盆地演化进程，最大堆积厚度达 5000～9000m。晚白垩世—古近纪发育多期钙碱性火山岩侵位和喷发活动。盆地内新近系、第四系最大厚度分别为 800m 和 300m。广阔的江汉-洞庭盆地主要呈现低平原河湖地貌，盆缘多发育第四纪早期同沉积断层。洞庭盆地西隅的太阳山断凸为晚更新世活动构造，曾发生 1631 年常德 $M6\frac{3}{4}$ 级中强地震。与此相应，江汉-洞庭盆地及周邻地区呈现一期中强震活动幕，如应城南邻的 1630 年夏天门—汉川间 $M5$ 级地震、1630 年 10 月 14 日老河城 $M5$ 级地震等。

北西向云应凹陷主控构造为北西向襄樊-广济深大断裂带。它是印支期扬子板块向东秦岭-大别中间板块俯冲消减的构造边界，即通常所说的扬子准地台与秦岭-大别地槽

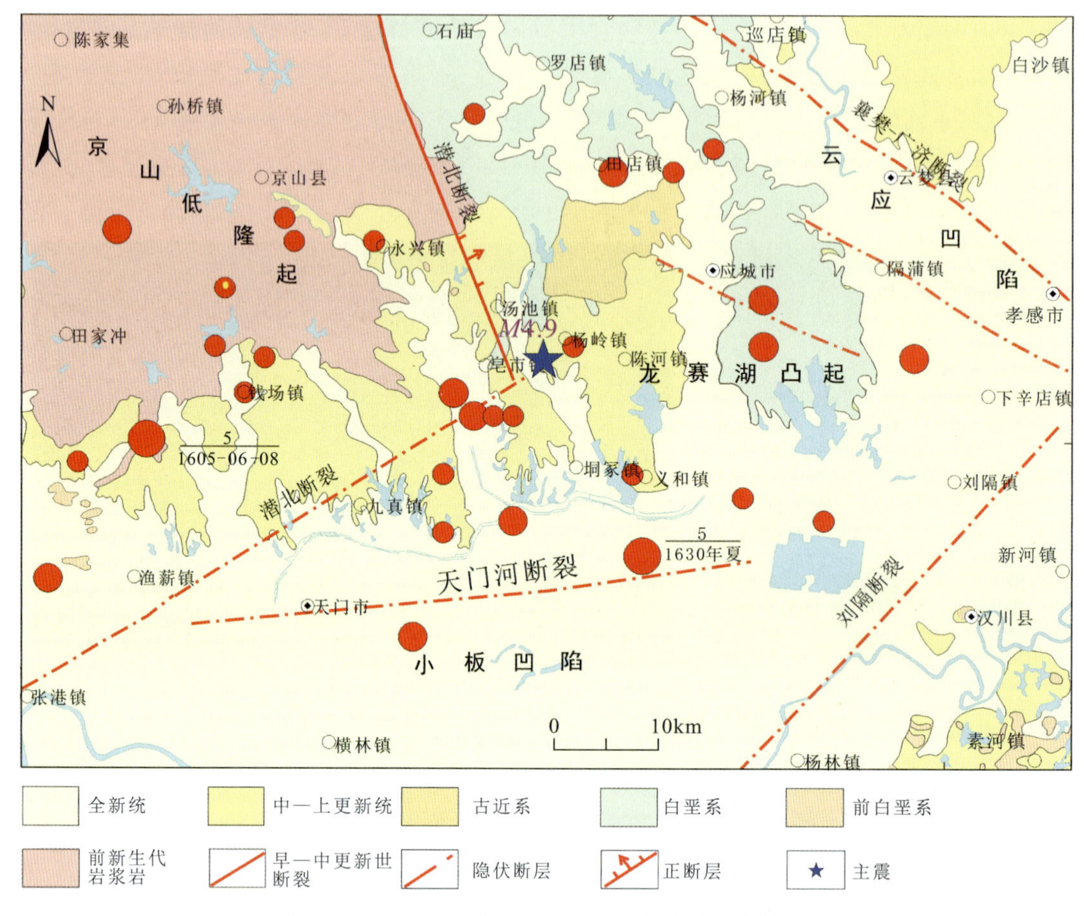

图 4-49　2019 年应城 $M4.9$ 级地震构造环境简图

褶皱系的边界。云应凹陷为晚白垩世—古近纪襄樊-广济断裂带裂陷构造，晚白垩世—古近纪发育堆积厚度达 3000～3500m，常见多期玄武岩穿插其中。云应凹陷南翼的龙赛湖凸起晚白垩世—古近纪发育厚度达 2000～3000m。北西向襄樊-广济断裂带主构造南侧的晚白垩世—古近纪下伏基底为印支期扬子台缘褶带，发育北西向次级断裂和横向断裂。如北西向隔蒲断裂、长江埠断裂和北北西—南北向三阳-皂市断裂。

据史料记载和现代测震记录，应城所处的江汉盆地东北部为低频度中等地震活动区，现代有感震偶有发生。应城北邻的随州-孝感断块区亦为低频度有感地震活动区。自 1960 年以来，$M\geqslant3.0$ 级有感震常有发生，达 22 次之多，如 1988 年应山刘店 $M3.6$ 级地震、1991 年随州封江口 $M3.4$ 级地震和 2000 年随州高城 $M4.1$ 级地震等。

四、震中区断裂构造

新近纪以来，随着江汉-洞庭盆地伸展扩张，其东邻幕阜隆起亦东向位移；与此同步，扬子陆块北缘边界北西向襄樊-广济断裂带左旋滑动，沿线形成一系列断层槽谷，其中云应凹陷新近系厚50～100m，第四系隔蒲—孝感一带厚100～170m。孝感—武汉段断层两侧河流阶地非对称发育，多见断层会聚水系和跨断层左旋扭动河流。物探与钻探证实断层切割新近系，第四系中、下更新统，局部疑似切割上更新统。史前地震考察、历史地震记载和现代地震观测资料显示，襄樊-广济断裂带具有中强地震活动潜力，其最新邻近的地震即为2006年10月27日随州三里岗*M*4.7级地震。

北西向隔蒲断裂和长江埠断裂本质上是襄樊-广济断裂带组成部分，它们倾向北东，对上白垩统—古近系、新近系和第四系的沉积厚度具有控制作用，总体呈现北东盘厚度较大的特征。第四系厚度最大差别均大于50m。隔蒲断裂全长大于60km，西段杨家河—三合店段，北西向漳水沿断裂迹线发育。其南西侧高程70～80m岗地可见中—上更新统Ⅱ、Ⅲ级阶地；北东侧10km范围内均为低平原，仅发育河漫滩低阶地，南北向涢水汇聚于此，形成南东流向府河。长江埠断裂长度大于30km，东起长江埠，经黄滩至龙王集西北，跨断层水系在黄滩、龙王集一线有左旋扭动特征，并大体构成应城岗地的南缘边界。在应城南黄滩经济开发区钻孔显示断裂所处部位第四系厚度达70m，与旁邻钻孔第四系厚度差值达30～50m。在长江埠西侧东汉湖端部，武汉地震工程院曾布设2条高密度电法测线(图4-50)。DF2剖面2400m点位附近呈现低阻层位区，向北高阻层下落，低阻带向下楔入，DF1剖面与其相似。这显示长江埠断裂第四纪早期曾有断坳活动，可能影响早、中更新世冲洪积层。上述两条断裂西段之间即应城岗地区，高程50～80m，地形向南或南东倾斜，至龙赛湖、东西汉湖—汈汉湖低平原高程15～20m，应城岗地向西北即为京山低丘陵、丘陵、低山区。而北北西—南北向三阳-皂市断裂带则大体控制应城岗地西缘。

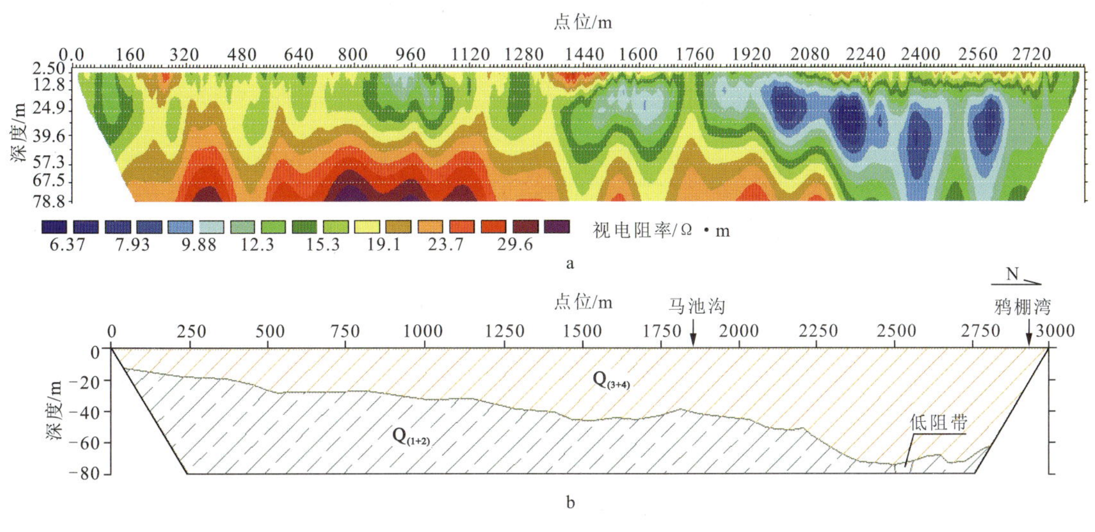

图4-50 东汉湖西侧马池沟村测线DF2高密度电法视电阻率剖面图(a)及地质解析图(b)

三阳-皂市断裂斜切扬子台缘褶带，由右行右阶两个部段构成：

北段宋河段走向北北西，长约35km，倾向北东，倾角60°～80°，控制北西向宋河断陷（K_2—E）西缘。宋河断层段线性构造影像清晰，西侧低丘陵红土台地高程200～250m，东侧红土台地高程100～150m，广泛堆积中更新世冲洪积层。富水一系列跨断裂支流大都具有鲜明的右旋扭动特征。在京山—宋河省道243天宝寨东北泥巴冲路堑旁可见古近系与震旦系灯影组灰岩断层接触，构成低丘陵地貌面上陡坡坎状正断层构造形态，可见宽3～4m胶结—半胶结状断层角砾岩和宽约20cm灰黄色泥质构造透镜体群嵌于其中（图4-51，照片4-12）。继而向北东前行约400m，西侧高耸路堑可见5条北北西走向的较大规模的次级张性断层组，中夹宽1～2m松散紫红色黏土碎石（照片4-13）。

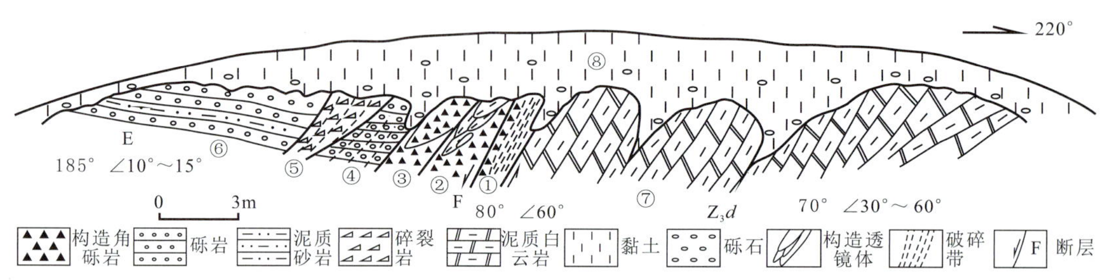

①主断层F及钙质胶结断层角砾岩；②灰黄色泥质透镜体群和半胶结状断层角砾岩；③胶结状断层角砾岩透镜体和半胶结状断层角砾岩；④破碎状古近纪砾岩；⑤带状破裂的古近纪砾岩带；⑥较完整的紫红色砾岩夹薄层泥质砂岩（E）；⑦震旦系灯影组泥质白云岩；⑧棕红色黏土夹碎石坡积层（Qp_3-Qh），无网纹，无明显铁锰淋漓特征。

图4-51 京山天宝寨东北泥巴冲皂市断裂剖面

E. 古近系；Z_3d. 震旦系灯影组；F_1. 主断裂；▲. 第四纪年代学样点。

照片4-12 京山天宝寨东北泥巴冲皂市断裂地质地貌

南段皂市段走向近南北，从汤池北至皂市南，长约35km，控制近东西向龙赛湖凸起（K_2—E）西缘，总体倾向东，为隐伏构造。断层两侧近邻为低岗地，上覆中、晚更新世冲洪积堆积物，呈微向南倾斜的条状垄岗及小河沟。在皂市镇城区东北部古近系出露，而皂市镇城区西侧南北走向的堆积槽地内更新统（Qp）厚达50～60m，差异明显。继而向南，

E. 古近纪砾岩夹薄层泥质砂岩；张性断层组断裂内充填的紫红色松散黏土夹碎石(Qp_{2-3})，没有变形扰动，并且无网纹，但有较强铁锰淋漓特征(右图为左图右端的局部)。

照片 4－13 京山天宝寨东北侧石人头西皂市断裂古近纪中次级张性断层组地质地貌

受东西向天门河断裂正断作用影响，皂市断裂段东、西两侧第四系厚度增大，西侧最厚达86～120m，东侧垌塚南北一线厚50～85m，仍有明显差异。值得指出的是，应城汤池为断裂型温泉，地表水温约70℃，表明其水循环深度较大。简言之，三阳-皂市断裂第四纪早期活动明显。

2020年8月长江三峡勘测院在皂市断裂泥巴冲剖面中采碎裂岩中样品JSD06－1，其OSL法年龄为(19.6±17)万a；在曹武镇王家楼北采碎粉岩样品JSD07－1，其OSL法年龄为(22.0±1.4)万a。

五、地震成因

2019年12月26日应城$M4.9$级地震发生于北西向长江埠断裂与北北西向三阳-皂市断裂交会夹持的杨岭微断块内，测震震中分别距两断裂地表迹线6.35km和5.9km。据调查，该地震等震线Ⅵ度区长轴呈北西向，轴线大体等分两断裂夹角区，故可判定$M4.9$级地震发震构造为杨岭微断块内的次生北西向断层，相应于震源机制解节面Ⅱ，具左旋逆走滑运动机制。

应城西侧的岗地上覆以新近纪和中、晚更新世地层，局部出露古近纪地层，高程50～80m，构成向北翘升、向南倾斜的分水岭，其西端即为三阳-皂市断裂宋河段与皂市段右行右阶岩桥区，其断裂右旋走滑必导致岩桥区产生强烈挤压，其东侧邻近地带亦产生次生挤压隆升；同时北西向长江埠断裂呈左旋走滑运动状态，大体控制了应城岗地的南缘。显然，应城$M4.9$级地震的孕育不仅具有构造交会条件，也具有断层相互作用而产生的应变累积背景。这次地震震源深度约10km，大体位于结晶基底上部或沉积盖层下端附近。这一深度与 $M4.9$ 级地震Ⅵ度区等震线面积是相适应的。

值得关注的是，自 2005 年九江—瑞昌 $M_S5.7$ 级地震到 2008 年汶川 $M8.0$ 级特大地震，扬子陆块北缘构造带从陕西汉中至鄂东先后出现一系列 $M4.0$～6.0 级地震，如 2005 年 2 月蕲春 $M4.0$ 地震、2006 年随州三里岗 $M4.7$ 级地震、2011 年阳新 $M4.9$ 级地震及 2018 年汉中宁强 $M5.3$ 级地震、2019 年应城 $M4.9$ 级地震等，均说明该构造带的地震活动仍在持续。

主要参考文献

陈俊华,2006.长江三峡水库蓄水后诱发地震活动性研究[D].合肥:中国科学技术大学.

范文澜,1956.中国地震资料年表[M].北京:科学出版社.

甘家思,1981.湖北麻城1932年6级地震孕震构造模式[J].西北地震学报(4):45-50.

甘家思,刘锁旺,申重阳,1993.常德1631年大震事件的多场点群发式构造模型[J].地壳形变与地震(4):17-23.

高孟潭,2015.《中国地震动参数区划图》(GB 18306—2015)宣贯教材[M].北京:中国质检出版社,中国标准出版社.

高锡铭,王少江,殷志山,等,1994.长江三峡及邻区的构造应力场和震源错动类型的研究[J].地壳形变与地震(2):1-12.

国家地震局地震研究所,1980.丹江口水库诱发地震文集[M].北京:地震出版社.

国家地震局地震研究所,1984.中国诱发地震[M].北京:地震出版社.

国家地震局震害防御司,1995.中国历史强震目录:公元前23世纪—公元1911年[M].北京:地震出版社.

韩晓光,许光炳,2004.房县盆地内部隐伏断裂与鄂西北地区地震活动[J].国际地震动态(6):19-22.

河南省地质矿产局,1989,河南省区域地质志.[M].北京:地质出版社.

湖北省地震局,1990.湖北省地震志(第一卷)[M].北京:地震出版社.

湖北省地震局,2008.湖北省地震志(第二卷)[M].北京:地震出版社.

湖北省地质矿产局,1990.湖北省区域地质志[M].北京:地质出版社.

湖南省地震局,1982.湖南地震史[M].长沙:湖南科学技术出版社.

李安然,曾心传,严尊国,1996.峡东工程地震[M].北京:地震出版社.

李善邦,1960.中国地震目录[M].北京:科学出版社.

刘锁旺,甘家思,等,1987.1856年湖北咸丰大路坝地震[R].北京:中国地震局.

刘锁旺,等,1992.南秦岭造山带喜马拉雅期以来的构造变形特征[M]//湖北省地震学会.地震研究文集.北京:地震出版社.

马宗晋,傅征祥,1982.1966—1976年中国九大地震[M].北京:地震出版社.

梅世蓉,等,1982.1976年唐山地震[M].北京:地震出版社.

汪素云,等,1993a.有感半径与震级的关系及其应用[M]//中国地震区划文集.北京:地震出版社.

汪素云,等,1993b.华北地区地震烈度的衰减关系[M]//中国地震区划文集.北京:地震出版社.

谢毓寿,蔡美彪,1983—1987.中国地震历史资料汇编　第一卷至第五卷[M].北京:科学出版社.

谢毓寿,王会安,闻黎明,等,1983.中国地震历史资料汇编　第一卷[M].北京:科学出版社.

熊继平,2018.湖北地震史料汇考[M].2版.武汉:华中科技大学出版社.

熊继平,1986.湖北地震史料汇考[M].北京:地震出版社.

严尊国,薛军蓉.1989,历史地震震级研究[J].中国地震,5(1):51-57.

杨福平,周昕,严尊国,2001.1993年7月湖北咸宁4.1级地震序列的活动特征[J].地壳形变与地震,21(4):81-86.

杨淑贤,于品清,郑水明,2006.1993年咸宁4.1级地震群震害损失及发震成因探讨[J].大地测量及地球动力学,26(1):84-88.

张国伟,张本仁,袁学诚,等,2001.秦岭造山带与大陆动力学[M].北京:科学出版社.

中央地震工作小组办公室,1971.中国地震目录[M].北京:科学出版社.